KB218257

파스칼이 들려주는 조합 이야기

남주현 지음

NEW
수학자가 들려주는
수학 이야기
16

파스칼이 들려주는 조합 이야기

(주)자음과모음

추천사

수학자라는 거인의 어깨 위에서 보다 멀리, 보다 넓게 바라보는 수학의 세계!

수학 교과서는 대개 '결과'로서의 수학을 연역적으로 제시하는 경향이 강하기 때문에 학생들은 수학이 끊임없이 진화해 왔다고 생각하기 어렵습니다. 그렇지만 수학의 역사는 하나의 문제가 등장하고 그에 대해 많은 수학자가 고심하고 이를 해결하는 가운데 새로운 아이디어가 출현해 온 역동적인 과정입니다.

〈NEW 수학자가 들려주는 수학 이야기〉는 수학 주제들의 발생 과정을 수학자들의 목소리를 통해 친근하게 이야기 형식으로 들려주기 때문에 학생들이 수학을 '과거 완료형'이 아닌 '현재 진행형'으로 인식하는 데 도움이 될 것입니다.

학생들이 수학을 어려워하는 요인 중의 하나는 '추상성'이 강한 수학적 사고의 특성과 '구체성'을 선호하는 학생의 사고 사이에 존재하는 간극이며, 이런 간극을 줄이기 위해서 수학의 추상성을 희석시키고 수학 개념과 원리의 설명에 구체성을 부여하는 것이 필요합니다.

〈NEW 수학자가 들려주는 수학 이야기〉는 수학 교과서의 내용을 생동감 있게 재구성함으로써 추상적인 수학을 구체성을 갖는 수학으로 변모시키고 있습니다. 또한 중간중간에 곁들여진 수학자들의 에피소드는 자칫 무료해지기 쉬운 수학 공부에 윤활유 역할을 해 줄 것입니다.

〈NEW 수학자가 들려주는 수학 이야기〉의 구성을 보면 우선 수학자의 업적을 개략적으로 소개하고, 6~9개의 강의를 통해 수학 내적 세계와 외적 세계, 교실 안과 밖을 넘나들며 수학 개념과 원리를 소개한 후 마지막으로 강의에서 다룬 내용을 정리합니다.

이런 책의 흐름을 따라 읽다 보면 각각의 도서가 다루고 있는 주제에 대한 전체적이고 통합적인 이해가 가능하도록 구성되어 있습니다. 〈NEW 수학자가 들려주는 수학 이야기〉는 학교 수학 교과 과정과 긴밀하게 맞물려 있으며, 전체 시리즈를 통해 학교 수학의 많은 내용들을 다룹니다. 따라서 〈NEW 수학자가 들려주는 수학 이야기〉를 학교 수학 공부와 병행하면서 읽는다면 교과서 내용의 소화 흡수를 도울 수 있는 효소 역할을 할 것입니다.

뉴턴이 'On the shoulders of giants'라는 표현을 썼던 것처럼, 수학자라는 거인의 어깨 위에서는 보다 멀리, 넓게 바라볼 수 있습니다. 학생들이 〈NEW 수학자가 들려주는 수학 이야기〉를 읽으면서 각 수학자의 어깨 위에서 보다 수월하게 수학의 세계를 내다보는 기회를 갖기를 바랍니다.

홍익대학교 수학교육과 교수 | 《수학 콘서트》 저자 박경미

책머리에

세상의 진리를 수학으로 꿰뚫어 보는 맛
그 맛을 경험시켜 주는 '조합' 이야기

이산수학은 컴퓨터 알고리즘 구성, 프로그램 언어 작성, 암호학 등과 같은 현대 사회의 중요한 분야에 적용되는 수학적 주제입니다. 그리고 이산수학은 학교 수학에서 문제 해결을 교육하기에 적합한 주제와 소재를 풍부하게 내포하는 분야로서 학생들이 흥미를 느끼며 직접 수학을 하는 경험을 충분히 할 수 있는 장점이 있습니다.

조합론은 이러한 특징을 지닌 이산수학의 한 주제로서 학교 수학에서는 수 세기counting, 그래프graph, 수형도trees 등이 조금씩 다루어지고 있습니다. 특히 조합의 주제는 수 세기의 일종으로 우리가 살아가는 데 있어서 발생하는 상황을 분석하여, 조합의 성격을 지니는 경우의 수를 찾아낼 수 있는 안목과 소양을 길러 수학적 문제 해결력을 기를 수 있게 합니다. 예를 들어 과일 샐러드를 만들 때 집어넣는 과일의 순서를 고려할 필요가 없는 것처럼 어떤 문제 상황에서 순서라는 조건이 중요한 요소인지 아닌지를 판단하여 수 세기를 해 볼 수 있습니다. 또한 조합이 가지는 대칭성의 성질이나 다른 성질들을 찾아봄으로써 복잡해 보이는 상황을 경제적으로 해결할 수 있게 하는 수학적 안목을 기를 수 있게 합니다.

이 책은 수학자 파스칼이 반 아이들과 함께 실생활에서 일어날 수 있는 경험을 통해 조합의 개념을 파악할 뿐만 아니라 문제 해결에 어떻게 유용한 도구로 활용할 수 있는지 알아봅니다. 책에 제시된 상황 외에 여러분이 직접 조합을 응용할 수 있는 실생활 문제들을 한번 찾아보고 해결해 보는 기회를 얻길 기대합니다.

조합에서는 조합의 수를 일일이 열거하며 구해 보거나 그림을 그려 보는 표현 방식도 유용하지만 기호적 표현과 공식을 이용한 계산도 중요합니다. 따라서 조합의 특성상 수학적 간결성과 유연성을 위하여 수학에서 사용하는 기호적 표현이 수반되었습니다. 따라서 여러분이 눈으로 보기보다는 직접 써 봄으로써 수학식 자체를 다루어 보면 조합의 수학적 아름다움을 한층 더 느낄 수 있고 더 나아가 수학적 힘을 기르는 데 도움이 될 것입니다.

모쪼록 여러분이 이 책으로 조합을 즐겁게 느껴 보는 기회가 되었으면 하는 바람입니다.

남주현

차례

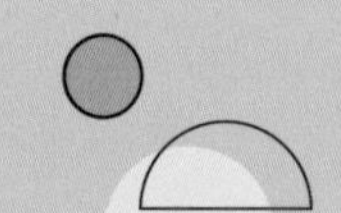

1 이 책은 달라요

《파스칼이 들려주는 조합 이야기》에서 다루는 조합의 개념, 원리와 기법들은 수학에서뿐만 아니라 다른 여러 학문 특히 전산학에서의 응용 범위가 넓은 분야입니다.《파스칼이 들려주는 조합 이야기》는 조합론의 기초가 되는 조합 개념에 대하여 실생활 문제 해결 맥락으로 접근합니다. 다양한 현상으로부터 조합의 본질을 이끌어 냄으로써 추상화된 형식적 개념을 이해하기 쉽도록 도와줍니다. 또한 조합이라는 개념이 어떻게 문제 상황에 적용되는지를 이 책을 읽으면서 함께 고민하기 때문에 학교 수학 및 실생활에서의 응용력을 길러 줄 수 있습니다.

2 이런 점이 좋아요

① 파스칼 선생님과 반 학생들은 실생활에서 일어날 수 있는 일의 경험을 통해 조합의 개념을 파악할 뿐만 아니라 이 문제 해결에 어떻게 유용한 도구로 활용할 수 있는지 알아봅니다. 이것은 독자에게도 수

학적 안목을 길러 주어 실제로 이와 유사한 상황에서 훌륭한 문제 해결자가 되는 힘을 길러 줄 수 있습니다.

② 조합에서는 조합의 수를 일일이 열거하며 구해 보거나 그림을 그려 보는 표현 방식도 유용하지만 기호적 표현과 공식을 이용한 계산도 중요합니다. 기호적 표현이나 공식들은 수학의 일반성이나 유연성을 길러 줄 수 있는 도구이기 때문에 그 훈련도 중요성이 있게 됩니다. 이 책에서는 게임이나 도화지에 그리기 활동으로 이러한 연습을 직접 해 볼 기회를 마련합니다.

③ 학교 수학에서 설명되지 않는 조합의 의미에 대한 다양한 부연 설명들이 중간마다 포함되어 있습니다. 학교 수학에서 계산 위주로 치중되기 쉬운 주제이기 때문에 학생들은 어떤 상황에서 순열이 쓰이고 조합이 쓰이는지 혼동하기 쉽습니다. 이러한 혼동을 자주 일으키는 상황을 다루어 줌으로써 조합의 의미에 대한 이해를 돕고자 하였습니다.

3 교과 연계표

학년	단원(영역)	관련된 수업 주제 (관련된 교과 내용 또는 소단원명)
고 1	자료와 가능성	순열과 조합

4 수업 소개

1교시 순열과 조합의 차이

우주 과학 전시관에서 볼 수 있는 두 종류의 비행기를 통해 순서를 고려해야 하는 경우와 그렇지 않은 경우를 만나 봅니다. 두 차이가 어떤 결과를 가져오게 되는지를 알아봄으로써 순열과 조합의 차이를 이해하게 됩니다.

- **선행 학습** : 어떤 순서로 비행기에 탑승해야 하는지를 표현하기 위한 수단으로 '순서쌍'을 이용해 볼 수 있으므로 순서쌍의 개념에 대한 이해가 선수 되어야 합니다. 또한 두 사건의 발생이 독립적으로 일어날 때 두 사건 중 적어도 하나의 사건이 일어나는 방법의 수를 계산하기 위해 '합의 법칙'에 대한 개념이 필요합니다.
- **학습 방법** : 복잡하지 않은 사건의 경우에는 순열과 조합의 차이를 확인하기 위해 일어날 수 있는 경우의 수를 나열하여 적어 보는 연습도 필요합니다. 점점 사건의 수가 늘어날 때마다 나열하는 방법

을 사용하는 것이 효율적이지 않음을 경험함으로써 기호에 대한 필요성을 느끼게 됩니다.

2교시 조합

박물관에 견학 갔을 때 몇 군데의 전시관을 선택하여 둘러보는 상황으로부터 조합이 어떻게 사용될 수 있는지를 알아봅니다.

- **선행 학습** : 조합의 수를 구할 때 '곱의 법칙'이 무엇인지 알고 있어야 합니다. 또한 서로 다른 n개에서 r개를 선택하여 순서를 고려하여 배열하는 순열의 개념을 완전히 알고 있어야 조합과 혼동하지 않게 됩니다.
- **학습 방법** : 조합의 수를 구함에 있어서 나올 수 있는 사건을 모두 나열해 보고 기호적 표현을 익힙니다.

3교시 순열의 수를 이용하여 조합의 수를 구하기

나무를 심는 방법의 수를 구하는 상황에서 조합의 수를 구해 봅니다. 이때 순열의 수를 구하는 공식으로부터 조합의 수를 구하는 공식을 유도해 봄으로써 수학 공식의 일반성과 추상성의 아름다움을 느껴 보고 계산의 편리성을 체험해 봅니다.

- **선행 학습** : 순열을 나타내는 기호와 계승을 이용하여 순열의 수를 구하는 공식에 대하여 알고 있어야 조합의 수를 구하는 공식을 유

도해 낼 수가 있습니다.

- **학습 방법** : 조합의 수를 구하는 식과 기호를 자유롭게 사용하는 것은 개념을 이해하는 것만큼 중요한 부분입니다. 따라서 수업에서 유도되는 식이나 기호를 눈으로만 보지 말고 직접 손으로 써 보면서 공부하도록 해야 합니다.

4교시 조합의 성질

조합의 대칭성을 의미하는 조합의 성질을 알아봅니다. 숫자 게임판으로 직접 학생들이 조합의 기호를 써 보고 계산함으로써 기호가 의미하는 바를 익히고 계산의 능숙함을 기르며 자연스럽게 조합의 성질을 탐구할 수 있도록 합니다.

- **선행 학습** : 조합이 무엇이고 조합의 수를 어떻게 구할 수 있는지를 다시 확인해 봅니다.
- **학습 방법** : 수업에서 제시된 표를 만들어 보고 직접 조합의 수를 구함으로써 규칙성을 스스로 발견해 봅니다.

5교시 조합과 분할

구별되지 않는 상자나 조로 전체 대상을 분할하는 상황은 조합을 이용하여 해결할 수 있음을 알아보는 수업입니다.

- **선행 학습** : 사건이 잇달아 일어날 때 이 사건들로 이루어진 전체 사

건의 경우의 수를 구하는 데 곱의 법칙을 이용해야 함을 알고 있어야 합니다. 그리고 조합의 개념을 알고 있어야 합니다.

- **학습 방법** : 구별되지 않는 상자나 조로 전체 대상을 분할하는 사건이 어떤 특징을 가졌는지 이해하기 위해 그림 그리기와 나열하기 등을 직접 해 보는 것이 도움됩니다. 그리고 식을 써 보고 직접 계산해 보는 방법도 필요합니다.

6교시 조합과 분배

전체 대상을 분할한 뒤 구별되는 대상에게 분배하는 것은 조합을 이용하여 분할하기를 한 뒤 순서를 고려하여 배열하는 순열을 마지막으로 고려해 주는 것임을 알아봅니다.

- **선행 학습** : 사건이 잇달아 일어날 때 이 사건들로 이루어진 전체 사건의 경우의 수를 구하는 데 곱의 법칙을 이용해야 함을 알고 있어야 합니다. 그리고 조합의 개념을 알고 있어야 합니다.
- **학습 방법** : 서로 구별되지 않는 상자나 조로 전체 대상을 분할하고 이를 구별되는 대상에게 분배하는 사건에 대한 이해가 필요합니다. 따라서 분할과 분배를 구별하는 데 초점을 맞추어 연습하는 것이 이 수업에서는 필요합니다. 간단한 경우에는 그림 그리기나 직접 나열하여 써 보는 방법이 이해를 도울 수 있습니다. 물론 식을 써서 계산하는 활동도 훈련되어야 할 것입니다.

7교시 이항정리와 이항계수

이항정리와 이항계수가 무엇인지 알아보고 어떤 문제 상황에 응용될 수 있는지 알아봅니다.

- **선행 학습** : 항, 상수항, 계수, 차, 다항식, 이항식, 식의 전개, 곱셈의 분배법칙에 대한 용어 정의를 알아야 합니다.
- **학습 방법** : 이항정리와 이항계수는 수학의 형식적 측면을 포함하는 부분입니다. 따라서 개념도 알아야 하지만 기호나 식을 써 보는 훈련이 중요합니다. 그래야 형식적 표현에 내재한 의미를 완전하게 파악할 수 있게 됩니다.

8교시 파스칼의 삼각형

파스칼의 삼각형을 직접 만들어 보고 이항계수와의 관계를 찾아봅니다. 또한 조합의 또 다른 성질인 ${}_nC_r = {}_nC_{n-1}C_{r-1} + {}_{n-1}C_r (r \leq n)$을 파스칼의 삼각형으로부터 귀납적 추론을 통해 증명 없이 얻어냅니다.

- **선행 학습** : 조합, 이항정리, 이항계수에 대해 알고 있어야 파스칼의 삼각형으로부터 다양한 발견을 할 수 있게 됩니다.
- **학습 방법** : 엄밀한 수학적 증명 이전에 규칙성을 찾아 귀납 추론을 하는 것은 수학적 사고력을 길러 주게 됩니다. 따라서 파스칼의 삼각형을 큰 종이에 직접 제작해 보면서 수업에서 살펴본 여덟 제곱 이상에서는 어떻게 되는지, 자신이 탐구한 규칙이 적용되는지를 관찰해 봅니다.

파스칼을 소개합니다

Blaise Pascal(1623~1662)

나는 프랑스의 사상가·물리학자·수학자예요.

오베르뉴 지방의 클레르몽페랑에서 태어났답니다.《수삼각형론》,《부대논문》을 집필해서 수학적 귀납법의 훌륭한 전형을 구성했다는 평가를 받았어요.

나는 이 논문에서 수의 순열·조합·확률과 이항식에 대한 수삼각형의 응용도 설명했지요. 이 밖에도 '원뿔 곡선론', '확률론'을 발표했으며, '파스칼의 원리'를 발견했답니다.

《사이클로이드의 역사》,《삼선형론》 등 정말 많은 수학 논문을 발표했지요. 알골ALGOL 계통의 고수준 만능 프로그래밍 언어 '파스칼' 압력의 국제단위 'Pa' 모두 내 이름에서 딴 거랍니다.

여러분, 나는 파스칼입니다

수학자, 물리학자, 철학자로 불리는 나는 프랑스의 클레르몽 페랑에서 태어났습니다. 일찍 어머니를 여의고 당시 유명한 변호사였던 아버지 슬하에서 형제들과 함께 모든 교육을 받았습니다. 나는 아버지에게서 배운 문법, 라틴어, 수학 등을 기초로 학문에 대한 호기심을 끊임없이 키워 왔습니다. 열네 살에는 아버지를 따라 메르센 아카데미에 참여하기 시작하였고 그 모임에서 페르마, 파스칼, 가상디 등과 같은 훌륭한 수학자들과 만나기도 했습니다.

1654년 '원뿔곡선'을 연구하던 중 친구인 슈발리에 드 메레Chevalier de Méré로부터 다음과 같은 문제를 받았습니다.

주사위를 8번 던져 1의 눈이 나오면 이기는 놀이가 있다.

그러나 3번 실패한 뒤에 그 놀이는 중단되었다.

이때 놀이자는 어떻게 포상받으면 좋은가?

나는 이 문제에 관해서 페르마에게 편지를 썼고 이렇게 주고받은 편지는 현대 확률론의 실질적인 출발점이 되었습니다.

1657년 하위헌스Huygens는 이 편지에 감동하여 소논문 〈주사위 놀이에서 추론에 대하여〉를 출판하기도 했습니다. 그 사이에 나는 확률의 연구를 산술삼각형에 연결하여 카르다노Cardano의 성과를 훨씬 뛰어넘을 정도로 발전시켰습니다. 〈산술삼각형에 대한 논문〉이라는 책에서 밝힌 산술삼각형은 내 이름을 따서 '파스칼의 삼각형'으로 알려지게 되었습니다. 사실 이 삼각형 자체는 훨씬 이전부터 알려졌는데 수학적으로 체계화시켰기 때문에 내 이름을 붙일 수 있었습니다. 상세하게 설명하자면 나는 다음과 같은 몇 개의 새로운 성질을 밝혀냈습니다.

모든 산술삼각형에서 2개의 칸(바둑판과 같은 용지 따위의 칸)이 같은 밑변에서 이웃하고 있다면 2칸 가운데 위의 칸에 있는 수와 아래 칸에 있는 수의 비는 위의 칸에서 밑변의 끝에 이르기까지 칸의 개수와 아래의 칸에서 밑변의 끝에 이르기까지 칸의 개수의 비와 같아진다.

1				
1	1			
1	2	1		
1	3	3	1	
1	4	6	4	1

참고로 세로 열의 칸을 '같은 수직계수의 칸'이라 하고 가로 열의 칸을 '같은 수평계수의 칸'이라고 하며 위를 향하여 비스듬한 대각선 위에 함께 있는 칸을 '같은 밑변의 칸'이라 부릅니다.

내가 이 성질을 발견한 그 자체보다는 이 성질에 대해 증명할 때 사용한 귀납적 추론 방식 때문에 훌륭하다는 평가를 받았습니다. 그 귀납적 추론 방식은 1838년 〈페니 백과사전Penny Cyclopaedia〉에서 드모르간이 '귀납법'에 대해 쓴 글에서 나온 것으로 추정되는 일명 '수학적 귀납법'이었습니다. 내가 파스칼의 삼각형에서 발견한 그 성질을 증명할 때 바로 이 수학적 귀납법에 대한 훌륭하고 명확한 설명을 제시했기 때문에 업적을 높게 평가받은 것입니다. 또한 파스칼의 삼각형을 통해 밝힌 이항계수에 관한 업적들은 뉴턴이 분수 차수나 음수 차수까지 이항정리를 확장시키는 데 기여했습니다.

자, 이제 여러분은 내가 연구했던 분야 중에서 산술삼각형과 관련된 부분을 함께 공부할 것입니다. 이를 위해 조합에 대해 먼저 공부해 보도록 합시다. 그러면 모두 함께 아름다운 수학의 세계로 떠나 볼까요?

안녕하세요. 프랑스에서 태어난 수학자예요.
물리학자 겸 철학자이기도 하지요.
내가 누구냐고요?
블레즈 파스칼입니다.
나는 어릴 적 몸이 너무 허약했어요.
허약한 블레즈가 수학 문제에 매달리면, 더욱 건강을 해치게 될 거야.
수학책을 모두 숨겨야겠어.
아버지께서 수학 공부를 못 하게 하시지만, 수학은 너무너무 재밌어.
블레즈! 지금 뭐 하는 거지? 또 수학 공부를 하는 거냐!
앗~ 아버지…… 죄송해요.
이, 이럴 수가……. 믿을 수 없어.
아직 수학 교육을 정식으로 받아 본 적도 없는 블레즈인데…….
어떻게 어려운 기하를 혼자서 깨우친 걸까?
블레즈야! 앞으로 네가 하고 싶은 수학 공부를 맘껏 하렴.
정말요?
넌 재능이 있다구!
야호!
아버지 감사합니다.
우와아..
열네 살에는 아버지를 따라 메르센 아카데미에 참여해 페르마, 가상디 등과 같은 훌륭한 수학자를 만나기도 했습니다.
우아~ 페르마, 가상디를 이렇게 여기서 만나다니…….

1654년
친구인 드 메레에게서 편지가 왔군.
주사위를 8번 던져 1의 눈이 나오면 이기는 놀이가 있다. 그러나 3번 실패한 뒤에 그 놀이는 중단되었다 이때 놀이자는 어떻게 포상 받으면 좋은가?
재미있는 문제인걸?
수학자 페르마에게도 생각을 물어봐야겠군.
..좋았어!
이 문제를 두고 파스칼과 페르마가 여러 차례 편지를 주고받았다는군.
수학계에서는 이렇게 주고받은 편지를 현대 확률론의 실질적인 출발점으로 본다는 거야.
우아~ 편지 하나에도……. 아무튼 둘 다 위대한 수학자야.
나는 '산술삼각형'을 체계화해서 '파스칼의 삼각형'으로 알려지게 되었답니다.
1
1 1
1 2 1
1 3 3 1
1 4 6 4 1
1 5 10 10 5 1
1 6 15 20 15 6 1
파스칼의 삼각형도 훌륭하지만 '귀납적 추론 방식의 증명'이 정말 대단해.
..내 말이
수학적 귀납법에 대한 명확한 설명이지.
나는 수학의 여러 분야에서 크고 작은 많은 업적을 세웠습니다.
그중에서 산술삼각형과 관련된 '조합'에 대해 공부해 보도록 합시다.
"조합"
오케이?

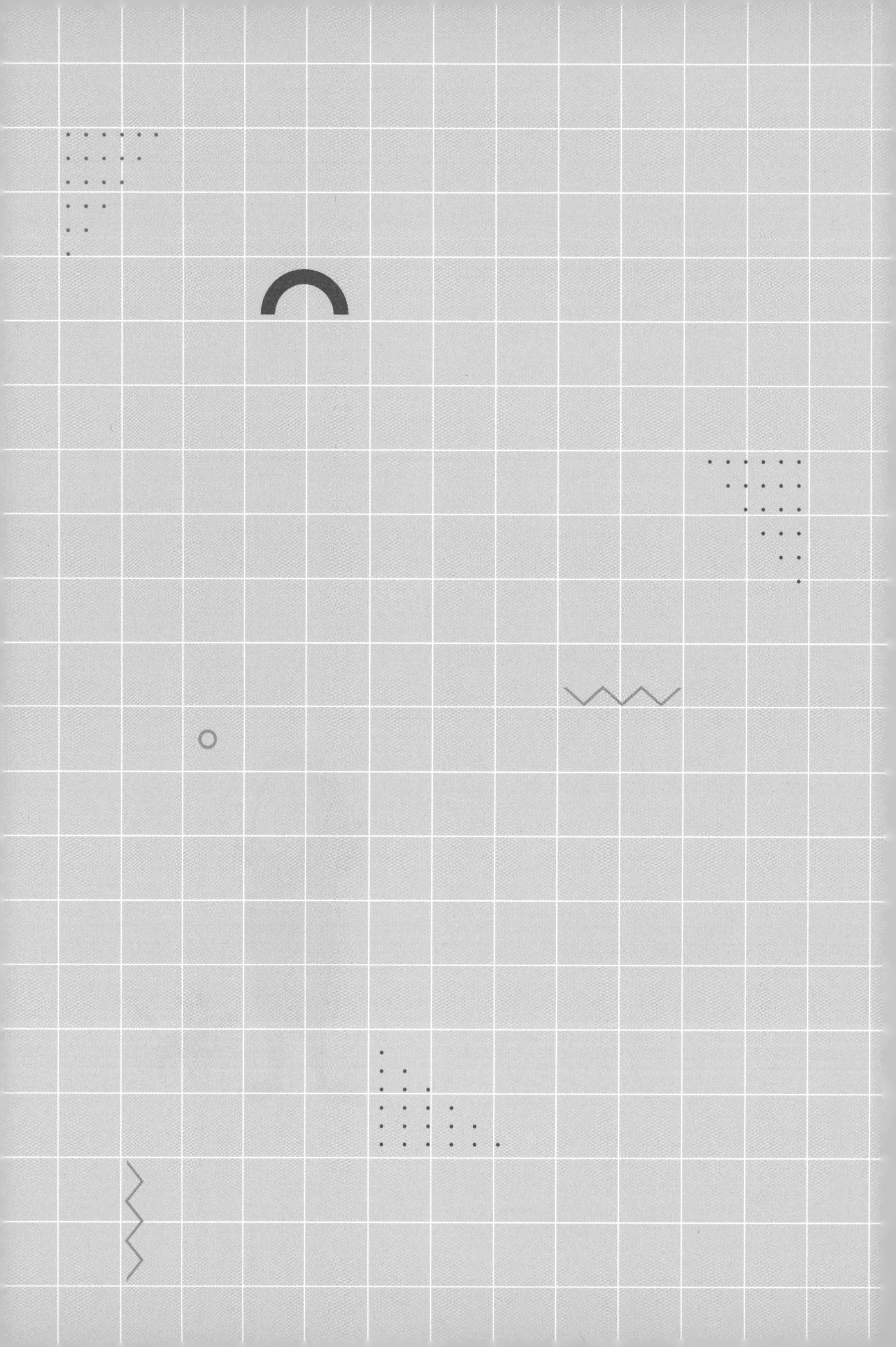

1교시

순열과 조합의 차이

순서를 고려하는 여부에 따라 경우의 수가
어떤 차이가 있는지 알아봅니다.
순열과 조합의 차이를 알아봅니다.

수업 목표

순서를 고려할 때와 고려하지 않을 때 경우의 수가 어떤 차이가 있는지 알아봅니다.

미리 알면 좋아요

1. **순서쌍** 두 원소 a, b로부터 순서를 고려하여 만든 쌍을 순서쌍이라 하며 흔히 (a, b)로 적습니다.

예 10원짜리 동전 1개와 100원짜리 동전 1개를 동시에 던졌을 때, 동전의 면이 나오는 모든 경우의 수를 순서쌍 (10원의 면, 100원의 면)으로 나타내 봅시다.

동전의 면이 나오는 각 경우는 (앞, 앞), (앞, 뒤), (뒤, 앞), (뒤, 뒤)이므로 그 경우의 수는 4가지입니다.

2. **합의 법칙** 사건 A가 일어나는 데는 a가지 방법이 있고 사건 B가 일어나는 데는 b가지 방법이 있다고 할 때, 두 사건의 발생이 서로 독립적이라고 하면 사건 A, B 중 적어도 하나의 사건이 일어나는 방법의 수는 $(a+b)$가지입니다.

예 서울에서 제주까지 가는 방법에는 해로(배를 이용하여 바다로 가는 방법), 항공로를 이용할 수 있습니다. 해로에는 2가지 방법이 있고 항공로에는 3가지 방법이 있다고 합니다.

해로와 항공로를 이용하는 사건은 서로 독립적으로 발생할 수 있으므로 해로와 항공로 중 적어도 하나를 이용하여 서울에서 제주까지 가는 방법의 수는 합의 법칙을 따르게 됩니다. 따라서 $2+3=5$가지 방법이 있습니다.

파스칼의 첫 번째 수업

경모, 지은, 태준, 서연, 준섭이는 파스칼 선생님과 함께 우주 과학 전시관으로 견학을 갔습니다. 그곳에서는 하늘을 가르는 여러 멋진 비행기를 타 보는 체험전이 열리고 있습니다.

첫 번째 비행기는 두 사람이 함께 탈 수 있는데 한 사람은 앞 조종석에 또 한 사람은 뒤 부조종석에 탈 수 있습니다. 학생들은 앞 조종석과 뒤 부조종석에 모두 타 보는 체험을 하기로 하였습니다. 파스칼 선생님은 비행기에 탄 아이들의 모습을 기념

사진으로 찍어 주었습니다.

여러분 5명이 앞 조종석과 뒤 부조종석을 번갈아 가면서 앉아 비행기를 조종하는 모습을 한 번씩 다 찍는다면 선생님은 몇 번이나 사진을 찍어야 할까요?

학생들은 파스칼 선생님과 함께 목록을 만들어 세어 보기로 하였습니다.

먼저 경모가 앞 조종석에서 조종하는 경우를 생각해 볼까요?

(경모, 지은), (경모, 태준), (경모, 서연), (경모, 준섭)

모두 4가지 경우가 나오네요. 이번에는 지은이가 앞 조종석에서 조종하는 경우를 생각해 볼게요.

(지은, 경모), (지은, 태준), (지은, 서연), (지은, 준섭)

이번에도 모두 4가지 경우가 나오는군요. 태준이가 앞 조종석에서 조종하는 경우를 생각해 보도록 할까요?

(태준, 경모), (태준, 지은), (태준, 서연), (태준, 준섭)

이번에도 모두 4가지 경우가 나오네요. 다음으로 서연이가 앞 조종석에서 조종하는 경우를 생각해 봅시다. 그러면

(서연, 경모), (서연, 지은), (서연, 태준), (서연, 준섭)

오호, 이번에도 역시 모두 4가지 경우가 나왔네요. 마지막으로 준섭이가 앞 조종석에서 조종하는 경우를 생각해 볼까요?

(준섭, 경모), (준섭, 지은), (준섭, 태준), (준섭, 서연)

이번에도 앞에서와 같이 모두 4가지 경우가 나왔군요. 이를 정리하면 다음과 같습니다.

(경모, 지은), (경모, 태준), (경모, 서연), (경모, 준섭)
(지은, 경모), (지은, 태준), (지은, 서연), (지은, 준섭)
(태준, 경모), (태준, 지은), (태준, 서연), (태준, 준섭)
(서연, 경모), (서연, 지은), (서연, 태준), (서연, 준섭)
(준섭, 경모), (준섭, 지은), (준섭, 태준), (준섭, 서연)

따라서 5명 중 2명이 앞 조종석과 뒤 부조종석에 앉아 사진을 찍는 경우 선생님은 모두 4+4+4+4+4=20번의 사진을 찍어야 하네요. 참고로 이처럼 순서를 고려하여 대상을 선택하는 방법을 순열이라고 합니다.

"와, 선생님이 20번이나 사진을 찍으셔야 하네요! 너무 힘드시겠어요……."

선생님을 생각해 주니 고맙네요. 그럼 이 비행기 말고 저쪽에 있는 다른 비행기를 타 볼까요? 그럼 나도 사진을 덜 찍을 수 있으니 힘도 덜 들 것 같은데……. 하하하.

학생들은 파스칼 선생님의 말씀을 금방 이해하지 못해서 갸우뚱하며 따라가 보았습니다.

후유~ 5명 중 2명씩
짝을 지어 앞뒤 조종석에
앉은 모습을 모두 찍으려니
정말 힘들군요.
찰칵!
선생님
고생이
많으세요.
몇 번이나 사진을
찍어 주신 거죠?
여러분 중 1명이
앞 조종석에 앉을 때마다
4장의 사진을 찍어야
합니다.
4+4+4+4+4이니까
우아~ 20번이나
사진을 찍으셨네요.
이번에는 저 비행기로 가자.
파스칼 선생님,
또 사진을
찍어 주세요~
헤헤
안 돼! 선생님께서
너무 고생하신단
말이야.
이~ 생각
없는 놈아!
아니에요. 저
비행기는 덜
고생하겠는걸요?
어~ 왜 그렇지?

"어? 선생님, 이 비행기는 조종석이 나란히 있어요."

"정말이네? 선생님, 처음 비행기와는 구조가 다르네요? 함께 조종해야만 하나 봐요!"

네. 정말 그렇죠? 음, 그렇다면 여러분 5명이 나란히 앉아 비행기를 조종하는 모습을 한 번씩 다 찍는다면 선생님은 몇 번이나 사진을 찍어야 할까요?

먼저 경모가 조종석에 앉는 경우를 생각해 보겠습니다.

(경모, 지은), (경모, 태준), (경모, 서연), (경모, 준섭)

모두 4가지 경우가 나오네요.

이번에는…… 지은이가 조종석에 앉는 경우를 생각해 볼게요.

(지은, 경모), (지은, 태준), (지은, 서연), (지은, 준섭)

음, 이번에도…….

"어? 선생님, 이상해요! 이러면 경모랑 지은이는 또 같이 타게 되잖아요?"

좋은 지적이에요. (경모, 지은)이가 타는 것과 (지은, 경모)가 타게 되는 것은 같은 경우가 됩니다. 그러므로 (지은, 경모)를 목록에서 지워 볼게요.

(경모, 지은), (경모, 태준), (경모, 서연), (경모, 준섭)
~~(지은, 경모)~~, (지은, 태준), (지은, 서연), (지은, 준섭)

어떤가요? 그러면 모두 3가지 경우가 됩니다. 이번에는 태준이가 조종석에 앉는 경우를 생각해 볼까요?

(태준, 경모), (태준, 지은), (태준, 서연), (태준, 준섭)

이 중에서 (태준, 경모)는 (경모, 태준)과 같은 경우이고, (태준, 지은)은 (지은, 태준)과 같으니 지워도 되겠네요. 그러므로 모두 2가지 경우만 남습니다.

(경모, 지은), (경모, 태준), (경모, 서연), (경모, 준섭)
~~(지은, 경모)~~, (지은, 태준), (지은, 서연), (지은, 준섭)
~~(태준, 경모)~~, ~~(태준, 지은)~~, (태준, 서연), (태준, 준섭)

서연이가 조종석에 앉는 경우를 생각해 볼게요.

(서연, 경모), (서연, 지은), (서연, 태준), (서연, 준섭)

이 중에서 (서연, 경모)는 (경모, 서연)과 같은 경우입니다. 또한 (서연, 지은)은 (지은, 서연)과 같은 경우이며, (서연, 태준)은 (태준, 서연)과 같은 경우입니다. 따라서 이들 모두를 지우겠습니다. 그러므로 1가지만 남습니다.

(경모, 지은), (경모, 태준), (경모, 서연), (경모, 준섭)
~~(지은, 경모)~~, (지은, 태준), (지은, 서연), (지은, 준섭)
~~(태준, 경모)~~, ~~(태준, 지은)~~, (태준, 서연), (태준, 준섭)
~~(서연, 경모)~~, ~~(서연, 지은)~~, ~~(서연, 태준)~~, (서연, 준섭)

그러면 이제 마지막으로 준섭이가 조종석에 앉는 경우도 생각해 보겠습니다.

(준섭, 경모), (준섭, 지은), (준섭, 태준), (준섭, 서연)

이 중에서 (준섭, 경모)는 (경모, 준섭)과, (준섭, 지은)은 (지은, 준섭)과, (준섭, 태준)은 (태준, 준섭)과, (준섭, 서연)은 (서연, 준섭)과 같은 경우이므로 지워 보겠습니다. 그러면……. 어떤가요? 남는 경우가 없게 되는군요.

(경모, 지은), (경모, 태준), (경모, 서연), (경모, 준섭)
~~(지은, 경모)~~, (지은, 태준), (지은, 서연), (지은, 준섭)
~~(태준, 경모)~~, ~~(태준, 지은)~~, (태준, 서연), (태준, 준섭)
~~(서연, 경모)~~, ~~(서연, 지은)~~, ~~(서연, 태준)~~, (서연, 준섭)
~~(준섭, 경모)~~, ~~(준섭, 지은)~~, ~~(준섭, 태준)~~, ~~(준섭, 서연)~~

따라서 5명 중 2명이 나란히 함께 조종석에 앉아 사진을 찍는 경우 선생님은 모두 $4+3+2+1+0=10$번 사진을 찍어야 합니다.

이처럼 5명 중에서 2명만 비행기를 함께 타더라도 방법의 가짓수는 차이가 납니다. 첫 번째 비행기처럼 앞 조종석과 뒤 부조종석이 있는 경우는 앞뒤와 같은 순서를 고려해야 합니다. 하지만 두 번째 비행기처럼 조종석이 나란히 있는 경우에는 탈

아까 옆에 앉았는데 또 같이 앉잖아?
어, 정말이네. 오른쪽, 왼쪽 위치만 바뀌고 똑같잖아?
또 사진 찍을 필요는 없겠다.
네 맞아요. 앞뒤 조종석의 비행기에서 사진을 찍을 때보다 덜 찍게 되죠.
그러면 아까보다 몇 번이나 덜 찍게 되시는 거예요?
지은이가 오른쪽에 앉는 경우를 생각해 볼까요?
선생님께서 4번 사진을 찍으셔야 해요.
네, 맞아요. 그럼 경모가 오른쪽에 앉는 경우에는요?
저는 지은이랑 아까 찍었으니까 3번만 찍어 주시면 돼요.
그렇죠.
좌우가 바뀌는 것은 같은 경우로 생각해야 하니까요.
하하
아…… 전 이제 규칙을 알았어요!
나도 알아. 선생님께서 찍어야 하는 사진 수가 한 번씩 줄어들게 돼.
그러니까…… 4+3+2+1=10(번)이 되는 거 맞죠?
훌륭하군요.
바로 그거죠!

사람을 선택하는 것만 고려하고 순서는 고려할 필요가 없게 됩니다. 정리하자면 물체를 특정한 조건에 의해 선택하더라도 순서를 생각해야 하느냐 아니냐에 따라 가능한 방법의 수가 달라진다는 것이지요.

"아, 그렇구나. 파스칼 선생님, 고맙습니다."

여러분이 이해를 바로 해 주니 오히려 내가 더 고마운걸요? 아쉽지만 오늘 수업은 여기에서 마치도록 하겠습니다. 하루도 고생 많았어요. 그럼 다음 시간에 봐요.

수업 정리

순서를 고려해야 하는 경우와 그렇지 않은 경우의 차이

서로 다른 어떤 물체들을 특정한 조건에 따라 선택하더라도 순서를 고려하는 경우와 그렇지 않은 경우에 따라 그 방법의 수가 달라집니다. 순서를 고려하여 배열하는 방법을 '순열'이라고 하며 조종석이 앞 뒤로 있는 첫 번째 비행기가 그 예가 됩니다. 이와 달리 순서를 고려할 필요가 없는 방법을 '조합'이라고 하며 조종석이 나란히 있는 두 번째 비행기가 그 예가 됩니다.

2교시

조합

박물관에 견학을 가서 몇 군데의 전시관을
선택하여 둘러보려고 합니다.
이때 조합이 어떻게 사용되는지 알아봅니다.

수업 목표

순서를 고려하지 않고 선택하는 경우의 의미를 이해하고 그 가짓수를 세어 봅니다.

미리 알면 좋아요

1. **곱의 법칙** 사건 E가 2개의 연속된 사건, 즉 사건 A, 사건 B로 분해될 수 있을 때 사건 A가 일어나는 데는 a가지 방법이 있고, 사건 B가 일어나는 데는 b가지 방법이 있다면, 사건 E가 일어나는 방법의 수는 $(a \times b)$가지입니다.

   ㉮ 눈썰매장 아래에서 위로 올라가는 방법은 썰매를 매고 걸어 올라가는 방법, 리프트를 타고 가는 방법으로 2가지가 있습니다. 그리고 눈썰매를 타고 내려오는 길은 경사가 완만하고 길이가 짧은 H 코스와 경사가 심하고 길이가 긴 L 코스, 구불구불한 S 코스가 있습니다. 눈썰매장 아래에서 정상까지 올라갔다가 썰매를 타고 내려오는 방법의 수는 곱의 법칙에 의해 $2 \times 3 = 6$가지입니다.

2. **순열** 서로 다른 n개에서 r개를 택하여 배열하는 것을 n개에서 r개를 택하는 '순열'이라 하고, 이 순열의 수를 기호로 ${}_nP_r$로 나타냅니다. 여기서 P는 순열Permutaion의 앞 자를 지칭하는 것입니다.

   ㉮ 5개 중에서 3개를 택하여 순서를 고려하여 배열하는 경우의 수는 ${}_5P_3 = 5 \times 4 \times 3 = 60$가지입니다.

파스칼의 두 번째 수업

오늘은 국립중앙박물관 견학을 갑니다. 상설 전시관인 고고관, 역사관, 미술관, 아시아관 네 곳 중에서 오전에 세 곳을 보고 점심을 먹은 후 오후에 한 곳을 보기로 하였습니다.

경모와 지은이는 각자 가고 싶은 곳 세 곳을 골라 보기로 했습니다. 경모는 제일 관심이 많은 고고관을 먼저 고르고 다음으로 역사관, 마지막으로 미술관을 선택하였습니다. 반면 지은이는 미술사에 제일 관심이 많아 미술관을 먼저 선택하고 다음으로 역사관 그리고 고고관을 선택하였습니다.

네 곳 중에서 세 곳을 선택하는 경우의 수를 셀 때 경모와 지은이가 선택한 전시관들은 서로 다른 경우로 보아야 할까요?

물론 아닙니다. 경모와 지은이가 선택한 순서는 달랐지만, 결과적으로 고고관, 역사관, 미술관이라는 똑같은 세 곳의 전시관을 오전에 가자고 한 것에는 변함이 없습니다. 세 곳 중에서 어느 전시관을 먼저 갈지 순서를 정하지만 않는다면 말이죠!

자, 그럼 네 곳의 전시관 중에서 오전에 갈 세 곳의 전시관을 고르는 경우는 몇 가지가 될지 생각해 봅시다. 순서를 고려하지 않아도 되니까 세 곳만 고르면 되겠지요?

먼저,

(고고관, 역사관, 미술관)

이 있습니다. 여기서 선택되지 않은 곳은 아시아관뿐입니다. 그러면 세 곳 중 먼저 고고관을 빼고 아시아관을 선택해 보겠습니다.

(아시아관, 역사관, 미술관)

이번에는 맨 처음 선택한 것에서 역사관을 빼고 아시아관을 선택해 볼게요.

(고고관, 아시아관, 미술관)

이번에는 맨 처음 선택한 것에서 미술관을 빼고 아시아관을 선택해 보도록 하죠.

(고고관, 역사관, 아시아관)

위 4가지 경우 외에 다른 선택 방법이 없다는 것을 알 수 있습니다.

이처럼 서로 다른 n개에서 순서를 생각하지 않고 r개를 택하는 것을 n개에서 r개를 택하는 조합이라 합니다. 이 조합의 수를 기호로 ${}_nC_r$ 또는 $\binom{n}{r}$과 같이 나타냅니다.

${}_nC_r$에서 C는 조합combination의 약자를 가져온 것입니다. 읽는 방법은 'n combination r'입니다. 참고로 $\binom{n}{r}$은 'n choose r'로 읽으면 됩니다.

그러면 4개의 전시관 중 오전에 돌아볼 3개의 전시관을 순서를 고려하지 않고 선택하는 조합의 수는 ${}_4C_3$ 또는 $\binom{4}{3}$으로 나타낼 수 있고 ${}_4C_3=\binom{4}{3}=4$라는 것을 보여 줍니다.

박물관 견학 기념품으로
예쁜 도자기 3개를
받았어.
오늘 견학을 못 온
친구들에게 예쁜
상자에 담아 선물로
주자.

좋은 생각이야.

그런데 다른 무늬의
포장용 상자가 5개야.

음~ 첫 번째 상자에
들어갈 수 있는 경우의
수는 3이고, 두 번째
상자에 넣을 수 있는
경우의 수는 2,
마지막 상자에 넣을
수 있는 경우의 수는
1이야.
그러니까 모두
3×2×1=6가지
경우이겠군.

아냐. 이건 곱의 법칙이
아니라 합의 법칙에 의해
3+2+1=6가지라고.
체, 그게
그거잖아.

아니야.
그건 3개의 상자가
있을 때 경우의
수를 구하는
방법이야.
어. 그런가?
헷갈려
그럼 도자기 3개
에서 상자 5개를
선택하는 건가?
앗, 헷갈린다.

이럴 때는
말이야.

파스칼 선생님,
도와주세요~
헬프 미!

파스칼 선생님과 학생들은 박물관으로 향했고 입장할 때 기념품으로 똑같은 모양의 도자기 3개를 받았습니다. 오전에는 경모와 지은이가 선택한 전시관을 돌아본 후, 점심을 맛있게 먹고 잠시 휴식을 취했습니다.

5개의 포장용 상자는 무늬가 모두 다르고 상자 1개에 도자기 1개밖에 들어가질 않는군요. 같은 도자기 3개를 서로 다른 무늬의 5개 상자에 넣을 방법은 몇 가지나 될까요? 한번 생각해 볼까요?

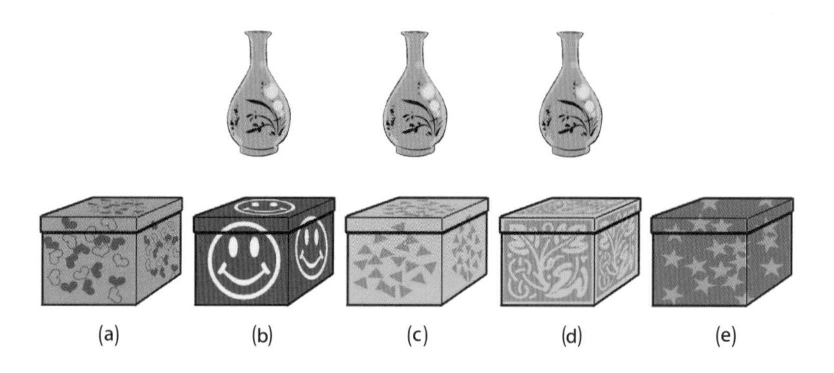

여기서 중요한 점은 선택의 대상이 되는 것은 부분 대상인, 같은 모양의 도자기가 아니라는 겁니다. 바로 전체 대상인 서로 다른 무늬의 상자입니다. 그러므로 서로 다른 5개의 상자에서 3개의 상자를 고르는 경우는 몇 가지가 되는지를 생각해야 하는 것이지요. 한번 살펴볼까요?

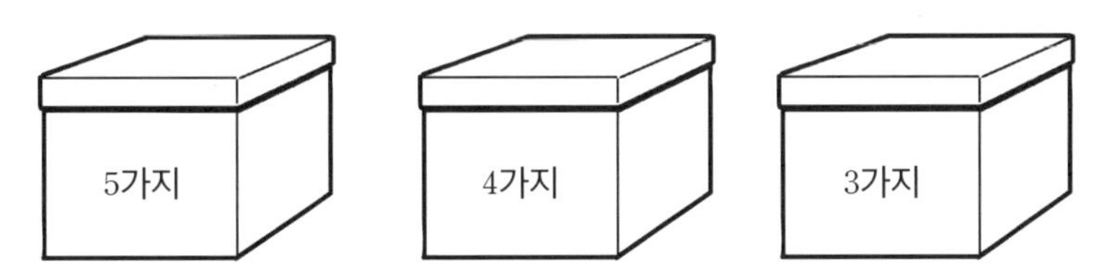

먼저 5개의 상자 중에서 1개를 선택하는 경우의 수는 5가지입니다. 선택한 상자에 도자기 1개를 넣기만 하면 되겠죠?

그럼 4개의 상자만 남게 됩니다. 여기서 또 하나의 도자기를 넣을 상자를 선택하는 경우의 수는 4가지가 됩니다. 이렇게 선택한 상자에 도자기 1개를 또 넣습니다.

이제 상자는 몇 개가 남나요? 그렇습니다. 3개가 남아요. 마지막 도자기 1개를 넣을 상자를 선택하는 경우의 수는 3가지가 됩니다. 선택된 상자에 도자기 1개를 또 넣으면 모두 $5 \times 4 \times 3 = 60$가지가 됩니다. 물론 여기서 끝이 난 것이 아니랍니다.

다음과 같은 경우를 생각해 볼게요. (a), (b), (c) 상자를 택하여 도자기를 넣었다고 할 때 어떻게 될까요?

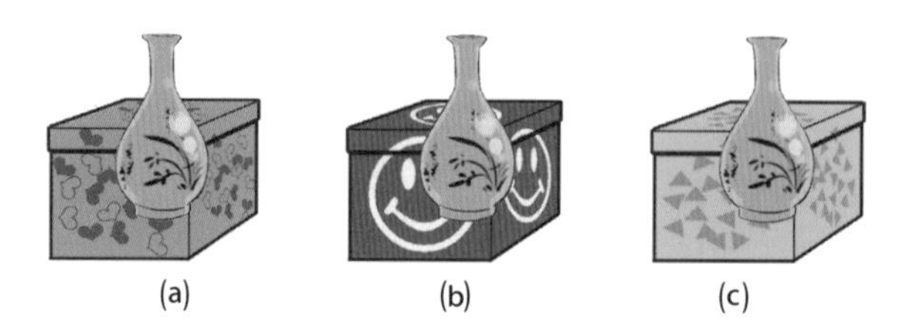

그 순서를 생각했을 때는 다음과 같이 나오겠지요?

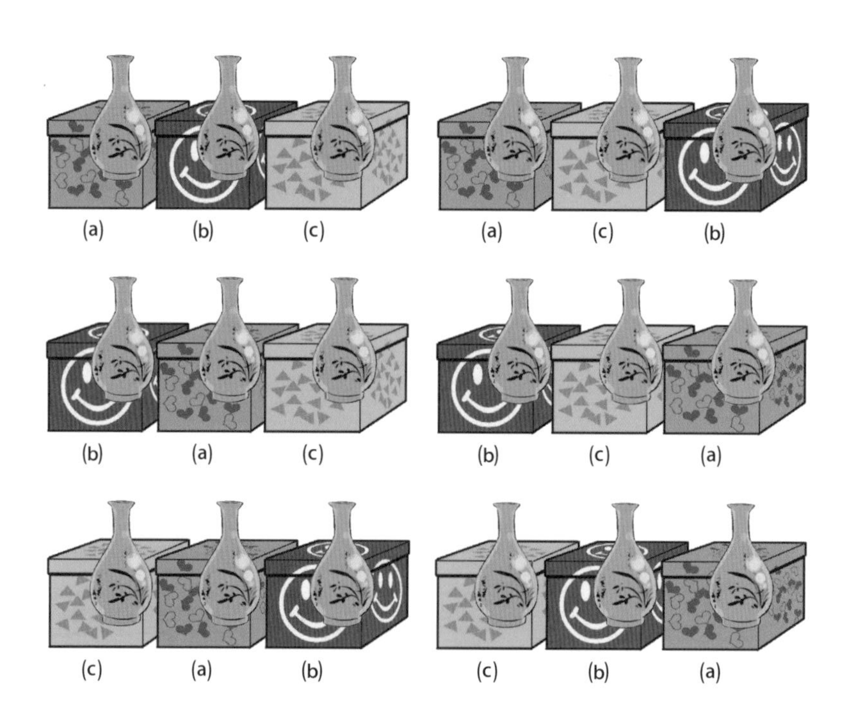

순서는 모두 다르지만 결국 6가지 경우 모두 같은 도자기를 담게 된답니다. 다시 말해 상자의 순서를 바꾸어도 3개의 도자기가 같기 때문에 따로 구별할 필요가 없게 되지요. 결과적으로 같은 도자기 3개를 순서를 고려하여 배열하는 경우의 수인 $3\times2\times1=6$가지씩 같은 경우가 되는 거랍니다.

같은 도자기 3개를 5개의 서로 다른 무늬의 상자에 포장하는 경우는 5개의 서로 다른 상자에서 순서를 생각하지 않고 3개를 선택하는 경우와 같습니다. 이유가 무엇이냐고요? 선택한 상자에 담을 3개의 도자기가 같은 것이므로 순서를 달리할 필요가 없기 때문입니다. 따라서 60가지의 경우의 수 중에서 6가지씩 같은 경우이므로 구하고자 하는 경우의 수는 $\frac{60}{6}=10$가지가 됩니다.

결국 이것은 5개의 서로 다른 대상으로부터 3개의 부분집합을 순서를 고려하지 않고 선택하는 조합이 되고 이 조합을 기호로 나타내면 다음과 같습니다.

${}_5C_3$ 또는 $\binom{5}{3}$

이 경우 조합의 수는 모두 10가지이었으므로 ${}_5C_3=\binom{5}{3}=10$

이 됩니다.

수학의 역사를 살펴보면, 수학적 기호나 문자의 사용은 언어적으로 표현하기 복잡한 수학적 상황들을 형식적으로 명료하고 간단하게 나타냄으로써 폭발적인 수학적 발견을 유도할 수 있었습니다. 조합의 기호도 마찬가지랍니다.

시간이 어느새 이렇게 많이 지났군요. 오늘 수업은 즐거웠나요? 고생했습니다. 그럼 다음 시간에 봐요.

수업 정리

조합

서로 다른 n개에서 순서를 생각하지 않고 r개를 택하는 것을 n개에서 r개를 택하는 조합이라 합니다. 이 조합의 수를 기호로 ${}_nC_r$ 또는 $\binom{n}{r}$과 같이 나타냅니다.

㉥ 모둠의 학생 수는 모두 6명인데 대표 2명을 뽑아 발표 준비를 시키려고 합니다. 이때 대표 2명을 선택하는 모든 가능한 경우의 수를 구하는 것은 이 모둠을 2개의 원소로 이루어진 부분집합을 만드는 것과 같으므로 조합의 경우입니다. 따라서 기호로 표현하자면 ${}_6C_2$ 또는 $\binom{6}{2}$입니다.

모둠에 속하는 학생들을 $\{a, b, c, d, e, f\}$라고 할 때 이 조합의 개수가 몇 개인지 하나씩 써 보면서 알아봅시다.

	a	b	c	d	e	f
a		$\{b, a\}=\{a, b\}$	$\{c, a\}=\{a, c\}$	$\{d, a\}=\{a, d\}$	$\{e, a\}=\{a, e\}$	$\{f, a\}=\{a, f\}$
b	$\{a, b\}$		$\{c, b\}=\{b, c\}$	$\{d, b\}=\{b, d\}$	$\{e, b\}=\{b, e\}$	$\{f, b\}=\{b, f\}$
c	$\{a, c\}$	$\{b, c\}$		$\{d, c\}=\{c, d\}$	$\{e, c\}=\{c, e\}$	$\{f, c\}=\{c, f\}$
d	$\{a, d\}$	$\{b, d\}$	$\{c, d\}$		$\{e, d\}=\{d, e\}$	$\{f, d\}=\{d, f\}$
e	$\{a, e\}$	$\{b, e\}$	$\{c, e\}$	$\{d, e\}$		$\{f, e\}=\{e, f\}$
f	$\{a, f\}$	$\{b, f\}$	$\{c, f\}$	$\{d, f\}$	$\{e, f\}$	

같은 경우이므로 개수에 포함하지 않는다!

위에서 알 수 있듯이 대표 2명을 뽑는 조합의 개수는

$\{a, b\}, \{a, c\}, \{a, d\}, \{a, e\}, \{a, f\}$ ··· 5가지

$\{b, c\}, \{b, d\}, \{b, e\}, \{b, f\}$ ··· 4가지

$\{c, d\}, \{c, e\}, \{c, f\}$ ··· 3가지

$\{d, e\}, \{d, f\}$ ··· 2가지

$\{e, f\}$ ··· 1가지

로 모두 15가지가 됩니다.

다른 방법으로 설명하자면 서로 다른 6명에서 대표 1명을 선택하는 경우의 수는 모두 6가지이고, 남은 5명에서 또 1명의 대표를 선택하는 경우의 수는 5가지겠지요.

따라서 모두 $6\times5=30$가지의 경우가 나오는데 이 경우는 대표 2명의 순서를 고려하는 경우를 모두 포함합니다. 다시 말해 앞서 위 표에서 나타낸 것처럼 대표 2명의 순서를 바꾸는 경우인 $2\times1=2$가지씩 같은 경우가 됩니다. 그러므로 우리가 구하고자 하는 조합의 수는 $\frac{30}{2}=15$가지가 됩니다. 이를 기호로 표현하여 계산하면 ${}_6C_2=\binom{6}{2}=15$임을 알 수 있습니다.

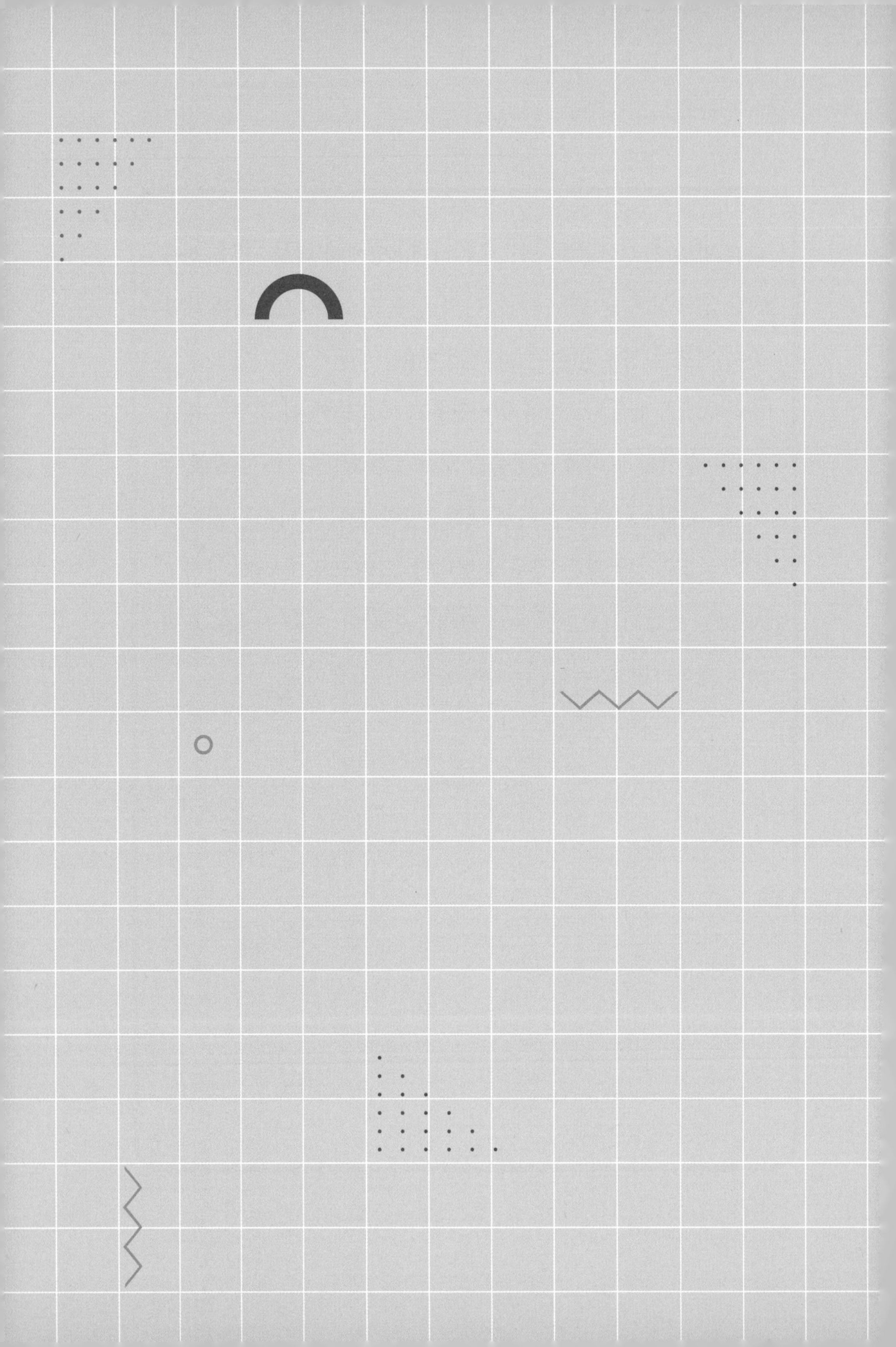

3교시

순열의 수를 이용하여 조합의 수를 구하기

순열의 수를 구하는 공식에서 조합의 수를 구하는 공식을 유도해 봅니다. 여기에서 수학 공식의 일반성과 추상성의 아름다움을 느껴 보고 계산의 편리성을 알아봅니다.

수업 목표

순열의 수를 이용하여 조합의 수를 구하는 방법을 알아봅니다.

1. **곱의 법칙** 사건 E가 두 개의 연속된 사건, 즉 사건 A, 사건 B로 분해될 수 있을 때 사건 A가 일어나는 데는 a가지 방법이 있고, 사건 B가 일어나는 데는 b가지 방법이 있다면, 사건 E가 일어나는 방법의 수는 $(a\times b)$가지입니다.

2. **순열의 수** 서로 다른 n개에서 r개를 택하는 순열의 수는
$_n\mathrm{P}_r=\underbrace{n(n-1)(n-2)\cdots(n-r+1)}_{r\text{개}}$입니다. (단, $0<r\le n$)

3. **계승** 기호 !는 계승 또는 팩토리얼factorial이라고 읽습니다. 1에서 n까지의 모든 자연수의 곱을 n의 계승이라 하고, 이것을 기호로 $n!$과 같이 나타냅니다. 단, $0!=1$로 약속합니다.

예 $2!=2\times1,\ 3!=3\times2\times1,\ 4!=4\times3\times2\times1,\ 5!=5\times4\times3\times2\times1, \cdots,$
$n!=n\times(n-1)\times(n-2)\times\cdots\times1$

4. **계승을 이용하여 나타낸 순열의 수** $_n\mathrm{P}_r=\dfrac{n!}{(n-r)!}$ (단, $0\le r\le n$)

예 $_7\mathrm{P}_4=\dfrac{7!}{(7-4)!}=\dfrac{7!}{3!}=\dfrac{7\cdot6\cdot5\cdot4\cdot\cancel{3\cdot2\cdot1}}{\cancel{3\cdot2\cdot1}}=7\cdot6\cdot5\cdot4=840$

파스칼의 세 번째 수업

학교 근처 공원에서 식목일 행사가 열렸습니다. 여러 종류의 나무가 준비되어 있었는데 파스칼 선생님 반 학생들은 사과나무, 감나무, 밤나무, 포도나무, 복숭아나무, 배나무 6종류의 나무 묘목 중에서 3종류의 나무를 자유롭게 골라 심도록 배정되었습니다.

"어떤 나무를 심을지 골라 보자."

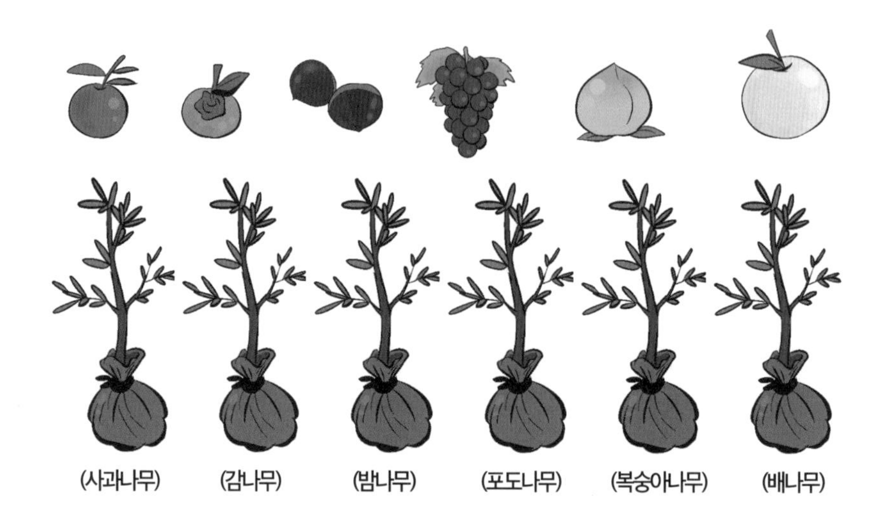

"이 정도는 이제 쉽게 해결할 수 있을 것 같아."

"맞아. 6종류의 나무 중에서 3종류만 선택하면 되잖아?"

"우리가 3종류의 나무를 선택하는 방법의 수는 조합의 수니까 ${}_6C_3$이군."

"그런데 이 조합의 수를 계산하면 어떻게 되지?"

"일일이 써 보니 너무 헷갈린다."

"파스칼 선생님! 도와주세요."

네, 네. 알았어요. 일일이 나열하여 그 가짓수를 세어 보는 방법도 좋지만 생각보다 많은 가짓수가 나오는 사건을 다루게 된다면 더 효율적인 방법을 찾아야 한답니다. 바로 이런 의미에서 공식을 알아 두고 계산할 수 있다면 정확성도 높아지므로 효율적인 방법이라고 말할 수 있답니다.

중요한 점은 공식을 이용한 계산 방법도 그 원리를 따져 보면 이해가 훨씬 쉽고 기억하기도 쉽다는 점입니다. 특히 수학은

여러 개념이나 원리가 서로 밀접한 관계를 맺고 있어 무엇보다 기초가 중요합니다. 다시 말해서 여러분이 이전에 배웠던 것을 제대로 이해하고 있다면 관련되는 수학적 지식을 배우게 될 때 아주 유리하게 작용한다는 것이지요.

자, 그럼 조합의 수를 어떻게 계산할 수 있는지 한번 알아보도록 할까요? 먼저 일일이 써 보면서 따져 보는 방법부터 시작해 봐야겠군요. 음, 그러고 보니 나무가 6종류나 되니 정신을 바짝 차려야 해요. 이제 6종류의 나무 중 순서는 고려하지 않은 채 3종류만 선택하면 되겠네요.

{사과나무, 감나무, 밤나무}
{사과나무, 감나무, 포도나무}
{사과나무, 감나무, 복숭아나무}
{사과나무, 감나무, 배나무}

…… 10가지

{사과나무, 밤나무, 포도나무}
{사과나무, 밤나무, 복숭아나무}
{사과나무, 밤나무, 배나무}

{사과나무, 포도나무, 복숭아나무}

{사과나무, 포도나무, 배나무}

{사과나무, 복숭아나무, 배나무}

{감나무, 밤나무, 포도나무}

{감나무, 밤나무, 복숭아나무}

{감나무, 밤나무, 배나무}

…… 6가지

{감나무, 포도나무, 복숭아나무}

{감나무, 포도나무, 배나무}

{감나무, 복숭아나무, 배나무}

{밤나무, 포도나무, 복숭아나무}

{밤나무, 포도나무, 배나무}

…… 3가지

{밤나무, 복숭아나무, 배나무}

{포도나무, 복숭아나무, 배나무} …… 1가지

로 모두 20가지를 얻겠네요. 결국 여러분이 알고 싶어 했던 조합의 수 ${}_6C_3=20$임을 알 수 있겠지요?

"선생님, 모두 찾았는지 어떻게 확신할 수 있죠?"

좋은 질문입니다. 선택하고자 하는 대상의 수가 많아질수록 여러분은 빠짐없이 모두 찾았는지 확신하기 어려울 수 있습니다. 따라서 일일이 써 보면서 구하는 것보다는 다른 방법이 필요한 것이지요. 그 방법으로 공식을 이용한 계산방법을 여기에서 알아보고자 하는 것입니다.

자, 그럼 순열의 수를 이용하여 조합의 수를 계산하는 방법을 구해 볼까요?

6종류의 나무 중에서 3종류를 선택하는 조합의 수는 ${}_6C_3$이고 선택한 3종류의 나무를 일렬로 줄 세우는 방법의 수는 3!가지입니다. 그러므로 앞서 우리가 일일이 나열해 본 20가지 각각은 3!가지씩 같은 경우를 갖고 있었던 것이에요.

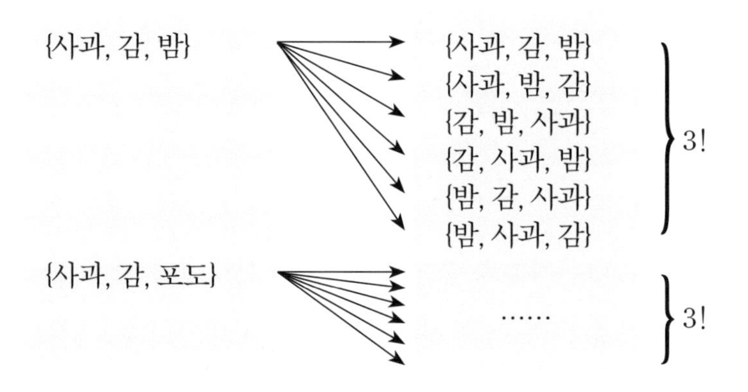

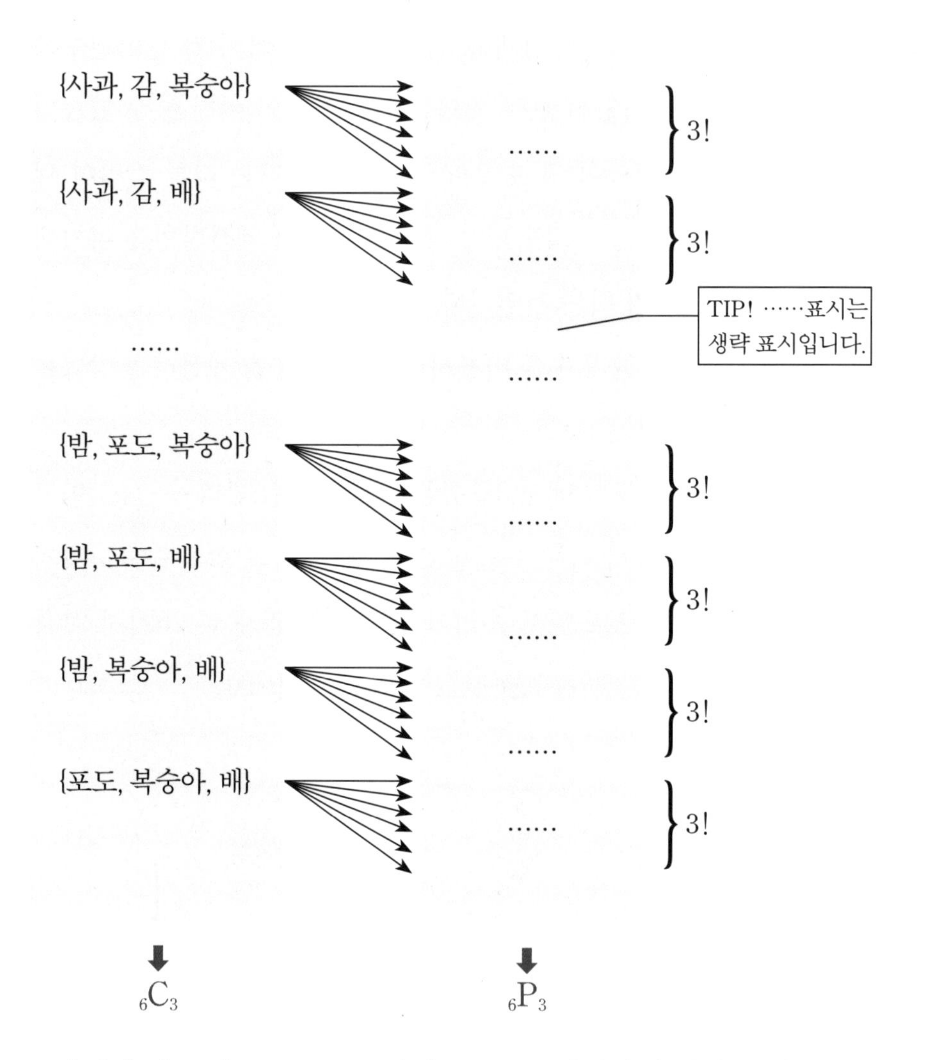

따라서 서로 다른 6종류 중에서 3종류를 선택하여 일렬로 배열하는 경우의 수는 곱의 법칙에 의하여 $_6C_3 \cdot 3!$ 입니다. 이것은

바로 6종류에서 3종류를 택하는 순열의 수 ${}_6P_3$과 같지요. 그러므로 ${}_6P_3={}_6C_3\cdot 3!$이고 조합의 수는 ${}_6C_3=\frac{{}_6P_3}{3!}=\frac{6\cdot 5\cdot 4}{3\cdot 2\cdot 1}=20$으로 얻어진 답니다.

마찬가지로 서로 다른 10개에서 7개를 선택하여 일렬로 배열하는 경우의 수는 곱의 법칙에 의해 ${}_{10}C_7\cdot 7!$가 됩니다. 이것은 10개에서 7개를 택하는 순열의 수 ${}_{10}P_7$과 같으므로 ${}_{10}P_7={}_{10}C_7\cdot 7!$입니다. 따라서 10개에서 7개를 선택하는 조합의 수는 ${}_{10}C_7=\frac{{}_{10}P_7}{7!}=\frac{10\cdot 9\cdot 8\cdot 7\cdot 6\cdot 5\cdot 4}{7\cdot 6\cdot 5\cdot 4\cdot 3\cdot 2\cdot 1}=120$이 됩니다.

이런 식으로 다른 조합의 수도 순열의 수를 이용하여 계산을 할 수 있습니다. 정리하자면 서로 다른 n개에서 r개를 선택하는 '순열의 수 ${}_nP_r$'와 '조합의 수 ${}_nC_r$'의 관계는 곱의 법칙에 의하여 ${}_nP_r={}_nC_r\times r!$입니다. 따라서 조합의 수는

$${}_nC_r=\frac{{}_nP_r}{r!}=\frac{n(n-1)(n-2)\cdots\cdots(n-r+1)}{r!}$$

이 됩니다.

덧붙여서 ${}_nP_r=\frac{n!}{(n-r)!}$ (단, $0\leq r\leq n$)이므로

$$ {}_{n}C_{r} = \frac{{}_{n}P_{r}}{r!} = \frac{\frac{n!}{(n-r)!}}{r!} = \frac{n!}{r!(n-r)!} $$

이 됩니다. 그런데 $0!=1$로 약속했기에 ${}_{n}C_{0}=\frac{n!}{0!(n-0)!}=1$ 이 됩니다.

어떤가요? 생각보다 어렵지 않죠? 원리를 차근차근 이해하며 풀어 나간다면 문제의 답을 쉽게 구할 수 있게 된답니다. 시간이 벌써 이렇게 됐군요. 다음 시간에는 '조합의 성질'을 배워 보겠습니다. 그럼 다음 시간에 봐요.

수업 정리

❶ 순열의 수와 조합의 수의 관계

서로 다른 n개에서 r개를 선택하는 순열의 수 $_n\mathrm{P}_r$과 조합의 수 $_n\mathrm{C}_r$의 관계는 곱의 법칙에 의하여 $_n\mathrm{P}_r = {_n\mathrm{C}_r} \times r!$ 입니다.

예 서로 다른 7개에서 4개를 선택하는 조합의 수는 $_7\mathrm{C}_4$이고 그 각각에 대하여 4개를 순서를 고려하여 배열하는 순열의 수는 $4!$ 입니다. 따라서 7개에서 4개를 선택하여 배열하는 경우의 수인 순열의 수 $_7\mathrm{P}_4$는 곱의 법칙에 의하여 $_7\mathrm{C}_4 \times 4!$ 입니다.

❷ 조합의 수

서로 다른 n개에서 r개를 선택하는 조합의 수는

$$_n\mathrm{C}_r = \frac{_n\mathrm{P}_r}{r!} = \frac{n(n-1)(n-2)\cdots\cdots(n-r+1)}{r!} = \frac{n!}{r!(n-r)!}$$

(단, $0 < r \le n$)입니다.

예 서로 다른 20개에서 5개를 선택하는 조합의 수는

$$_{20}\mathrm{C}_5 = \frac{_{20}\mathrm{P}_5}{5!} = \frac{20(20-1)(20-2)\cdots\cdots(20-5+1)}{5!}$$

$$= \frac{20!}{5!(20-5)!} = 15504$$ 입니다.

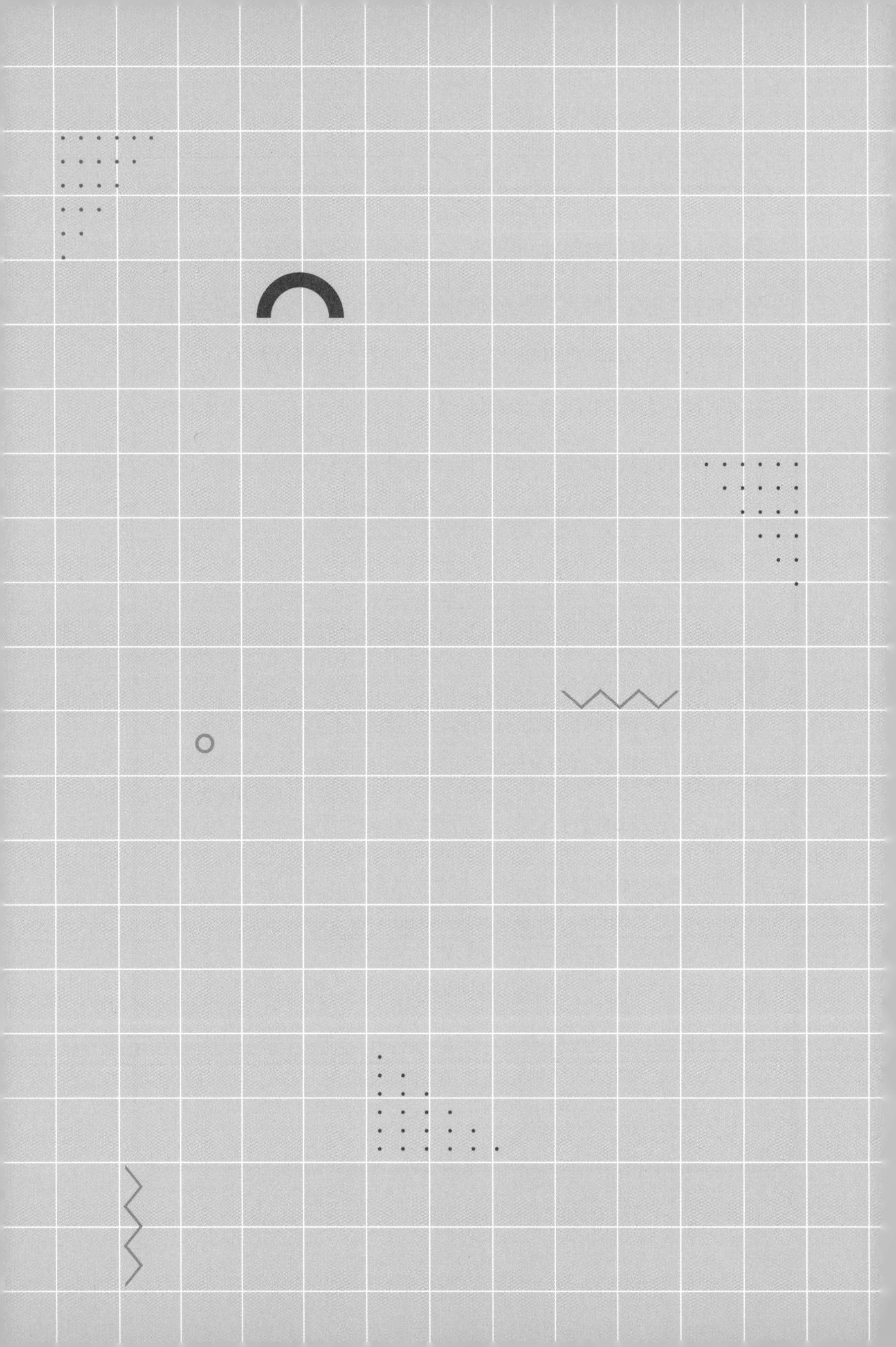

4교시

조합의 성질

조합의 대칭성을 의미하는
조합의 성질을 알아봅니다.

수업 목표

조합의 성질 ${}_{n}\mathrm{C}_{r}={}_{n}\mathrm{C}_{n-r}$을 알아봅니다.

미리 알면 좋아요

조합의 수

서로 다른 n개에서 r개를 선택하는 조합의 수는 다음과 같습니다.

$${}_{n}\mathrm{C}_{r}=\frac{{}_{n}\mathrm{P}_{r}}{r!}=\frac{n(n-1)(n-2)\cdots\cdots(n-r+1)}{r!}=\frac{n!}{r!(n-r)!}$$

파스칼의 네 번째 수업

수업 시간이 시작되어 학생들이 교실에 들어가니 커다란 숫자판이 놓여 있었습니다.

"이게 뭘까?"

"어? 정말."

쉬는 시간만큼이나 교실이 금방 시끄러워집니다. 파스칼 선생님은 그저 조용히 웃기만 하십니다. 교실을 한번 둘러보신 다음에 학생들을 향하여 천천히 한말씀 하십니다.

n \ r	0	1	2	3	4	5	6	7
0								
1								
2								
3								
4								
5								
6								
7								

자, 여러분과 함께 지난 시간에 배운 것을 이용하여 게임을 해 보려고 합니다. 어느 모둠이 제일 많이 이 빈칸을 채우는지 내기하여 지는 모둠이 수업이 끝나고 교실에 남아서 뒷정리를 하도록 하죠. 방법은 간단합니다. 지난 시간에 배운 조합의 수를 구하여 이 숫자 표에 기록하세요. 여기서 n은 전체의 개수이고 r은 우리가 선택하려고 하는 개수입니다. 예를 들어…… 화살표가 가리키는 곳은 ${}_0C_0$이므로 1이 됩니다.

n \ r	0	1	2
0	${}_0C_0$		
1			
2			

n \ r	0	1	2	3	4	5	6	7
0								
1								
2								
3								
4								
5								
6								
7								

"선생님, 그런데 하늘색으로 칠해진 칸들은 뭐예요?"

좋은 질문입니다. 하늘색으로 칠해진 칸들은 선택하려고 하는 개수 r이 전체 개수 n보다 큰 경우입니다. 3개밖에 없는 사탕에서 5개의 사탕을 선택할 수는 없겠지요? 이처럼 선택할 수 없는 경우이므로 우리가 계산하지 않는 칸들이 됩니다. 자, 그럼 이제 시작해 볼까요?

"와, 재미겠다."

"우리 모둠이 이길 거야. 얘들아, 각자 빨리 계산하여 채워 보도록 하자."

"여기는 어떻게 계산해야 하지? 헷갈려……. 아무래도 지난 시간 수업 내용을 봐야겠어."

자, 모두 협력하여 잘 해결해 주어 드디어 표가 모두 완성됐습니다. 오늘 '조합 숫자 표 채우기 게임'에서 승리한 모둠은 지은이네 모둠입니다. 다 함께 표를 살펴볼까요?

n \ r	0	1	2	3	4	5	6	7
0	${}_0C_0=1$							
1	${}_1C_0=1$	${}_1C_1=1$						
2	${}_2C_0=1$	${}_2C_1=2$	${}_2C_2=1$					
3	${}_3C_0=1$	${}_3C_1=3$	${}_3C_2=3$	${}_3C_3=1$				
4	${}_4C_0=1$	${}_4C_1=4$	${}_4C_2=6$	${}_4C_3=4$	${}_4C_4=1$			
5	${}_5C_0=1$	${}_5C_1=5$	${}_5C_2=10$	${}_5C_3=10$	${}_5C_4=5$	${}_5C_5=1$		
6	${}_6C_0=1$	${}_6C_1=6$	${}_6C_2=15$	${}_6C_3=20$	${}_6C_4=15$	${}_6C_5=6$	${}_6C_6=1$	
7	${}_7C_0=1$	${}_7C_1=7$	${}_7C_2=21$	${}_7C_3=35$	${}_7C_4=35$	${}_7C_5=21$	${}_7C_6=7$	${}_7C_7=1$

이번에는 표를 살펴보면서 조합이 가지는 성질을 알아보도록 합시다. 먼저 $n=2, 4, 6$인 경우를 살펴보면 다음과 같습니다.

$n=2$인 경우

${}_2C_0=1$	${}_2C_1=2$	${}_2C_2=1$

$n=4$인 경우

${}_4C_0=1$	${}_4C_1=4$	${}_4C_2=6$	${}_4C_3=4$	${}_4C_4=1$

$n=6$인 경우

${}_6C_0=1$	${}_6C_1=6$	${}_6C_2=15$	${}_6C_3=20$	${}_6C_4=15$	${}_6C_5=6$	${}_6C_6=1$

각각의 색칠된 부분들은 ${}_2C_1$, ${}_4C_2$, ${}_6C_3$으로 그들의 공통점은 선택하고자 하는 개수 r이 전체 개수 n의 절반이 됩니다. 그리고 색칠된 부분들을 기준으로 양쪽의 수들을 비교해 볼까요? 먼저 $n=2$인 경우를 보도록 하죠.

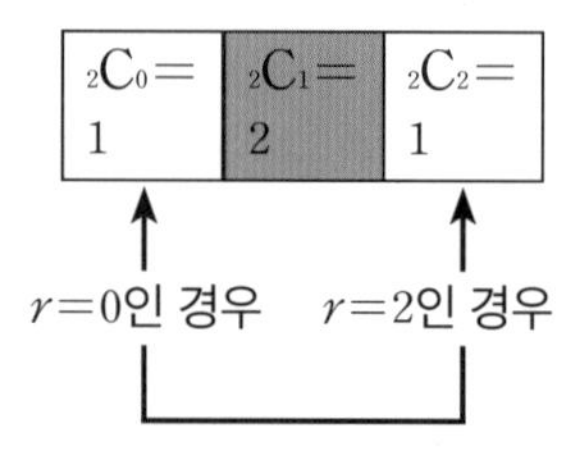

$r=0$인 경우의 조합의 수 ${}_2C_0$와 $r=2$인 경우의 조합의 수 ${}_2C_2$의 값이 1로 서로 같습니다.

$${}_2C_0={}_2C_2=1$$

이것은 우연일까요? 다른 것들을 살펴보면서 확인해 보도록 하죠. 그러면 $n=4$인 경우를 봅시다.

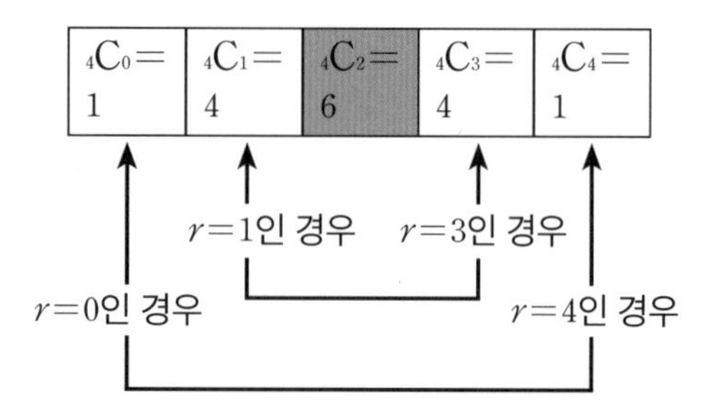

어떤가요? $r=0$인 경우의 조합의 수 ${}_4C_0$와 $r=4$인 경우의 조합의 수 ${}_4C_4$의 값이 1로 서로 같습니다.

$${}_4C_0={}_4C_4=1$$

그리고 $r=1$인 경우의 조합의 수 ${}_4C_1$와 $r=3$인 경우의 조합의 수 ${}_4C_3$의 값이 4로 또한 같습니다.

$${}_4C_1={}_4C_3=4$$

이번에는 $n=6$인 경우를 확인해 보겠습니다.

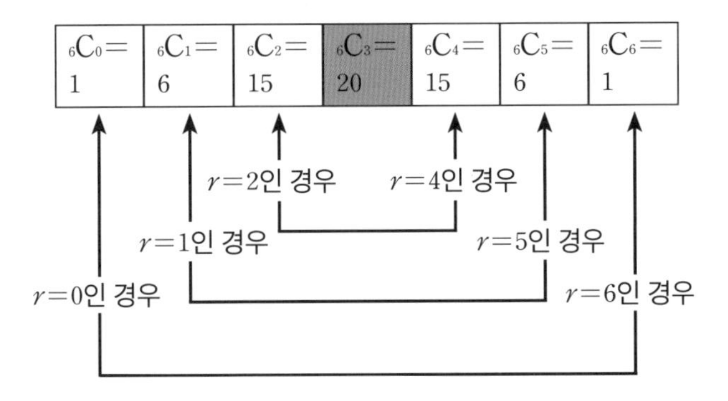

$r=0$인 경우의 조합의 수 ${}_6C_0$과 $r=6$인 경우의 조합의 수 ${}_6C_6$의 값이 1로 서로 같습니다.

$${}_6C_0={}_6C_6=1$$

$r=1$인 경우의 조합의 수 ${}_6C_1$과 $r=5$인 경우의 조합의 수 ${}_6C_5$의 값이 6으로 서로 같습니다.

$$_6C_1 = {}_6C_5 = 6$$

$r=2$인 경우의 조합의 수 $_6C_2$와 $r=4$인 경우의 조합의 수 $_6C_4$의 값이 15로 서로 같습니다.

$$_6C_2 = {}_6C_4 = 15$$

음……. 공통점을 발견해 볼 수 있나요? n과 r사이의 관계를 잘 살펴보면 알 수 있겠죠? 그러면 아래와 같이 바꾸어서 써 볼까요?

$$_2C_0 = {}_2C_2 \Rightarrow {}_2C_0 = {}_2C_{(2-0)}$$
$$_2C_1 = {}_2C_1 \Rightarrow {}_2C_1 = {}_2C_{(2-1)}$$
$$_4C_0 = {}_4C_4 \Rightarrow {}_4C_0 = {}_4C_{(4-0)}$$
$$_4C_1 = {}_4C_3 \Rightarrow {}_4C_1 = {}_4C_{(4-1)}$$
$$_4C_2 = {}_4C_2 \Rightarrow {}_4C_2 = {}_4C_{(4-2)}$$
$$_6C_0 = {}_6C_6 \Rightarrow {}_6C_0 = {}_6C_{(6-0)}$$
$$_6C_1 = {}_6C_5 \Rightarrow {}_6C_1 = {}_6C_{(6-1)}$$
$$_6C_2 = {}_6C_4 \Rightarrow {}_6C_2 = {}_6C_{(6-2)}$$
$$_6C_3 = {}_6C_3 \Rightarrow {}_6C_3 = {}_6C_{(6-3)}$$

어때요? 위에서 알 수 있듯이 $n=2, 4, 6$인 경우에 $_nC_r=$

${}_nC_{n-r}$임을 알 수 있겠죠?

이번에는 각자 $n=1, 3, 5, 7$인 경우에도 마찬가지로 성립하는지 확인해 볼까요?

$${}_1C_0={}_1C_1 \Rightarrow {}_1C_0={}_1C_{(1-0)}$$
$${}_3C_0={}_3C_3 \Rightarrow {}_3C_0={}_3C_{(3-0)}$$
$${}_3C_1={}_3C_2 \Rightarrow {}_3C_1={}_3C_{(3-1)}$$
$${}_5C_0={}_5C_5 \Rightarrow {}_5C_0={}_5C_{(5-0)}$$
$${}_5C_1={}_5C_4 \Rightarrow {}_5C_1={}_5C_{(5-1)}$$
$${}_5C_2={}_5C_3 \Rightarrow {}_5C_2={}_5C_{(5-2)}$$
$${}_7C_0={}_7C_7 \Rightarrow {}_7C_0={}_7C_{(7-0)}$$
$${}_7C_1={}_7C_6 \Rightarrow {}_7C_1={}_7C_{(7-1)}$$
$${}_7C_2={}_7C_5 \Rightarrow {}_7C_2={}_7C_{(7-2)}$$
$${}_7C_3={}_7C_4 \Rightarrow {}_7C_3={}_7C_{(7-3)}$$

네, 그렇습니다. 위와 같이 $n=1, 3, 5, 7$인 경우에도 ${}_nC_r={}_nC_{n-r}$임을 알 수 있습니다.

일반적으로 조합에서 ${}_nC_r={}_nC_{n-r}$이 성립하고 이것은 조합이 대칭성을 가진다는 것을 의미합니다.

어떤 공통점을 발견할 수 있나요?

$r=0$인 경우의 조합의 수 ${}_2C_0$와 $r=2$인 경우의 조합의 수 ${}_2C_2$의 값이 1로 서로 같아요.

앗~ $r=0$인 경우의 조합의 수 ${}_4C_0$와 $r=4$인 경우의 조합의 수 ${}_4C_4$의 값도 1로 서로 같은데요!

$r=0$인 경우의 조합의 수 ${}_6C_0$와 $r=6$인 경우의 조합의 수 ${}_6C_6$의 값도 1로 서로 같군요.
r=0, r=6
6C0 = 6C6
= 1

어? $r=1$인 경우의 조합의 수 ${}_6C_1$와 $r=5$인 경우의 조합의 수 ${}_6C_5$의 값이 6으로 서로 같고……
슥
슥

$r=2$인 경우의 조합의 수 ${}_6C_2$와 $r=4$인 경우의 조합의 수 ${}_6C_4$의 값이 15로 서로 같아요!
r=1 r=5
6C1 = 6C5 = 6
r=2 r=4
6C2 = 6C4 = 15

$n=1, 3, 5, 7$인 경우에도 ${}_nC_r={}_nC_{n-r}$임을 알 수 있겠죠?
n=1, 3, 5, 7
nCr = nCn-r

이는 일반적으로 조합에서 ${}_nC_r={}_nC_{n-r}$이 성립하고 조합이 대칭성을 가지고 있다는 것을 의미합니다.
nCr = nCn-r

지은이네 모둠이 이겼으니까 게임에서 진 나머지 다섯 모둠은 남아서 교실 뒷정리를 부탁합니다.

"정리할 것이 많지 않으니까 제비뽑기해서 네 모둠만 남고

한 모둠은 집에 갈까?"

"좋아, 좋아. 우리 모둠이 집에 갔으면 좋겠다. 하하."

"제비뽑기를 만들어 보자. 5장의 종이 중에서 × 표시가 된 종이를 뽑는 모둠이 뒷정리를 하고 가는 거야. 알았지?"

영희가 제안하며 자신이 만든 제비뽑기 종이를 보여 줍니다.

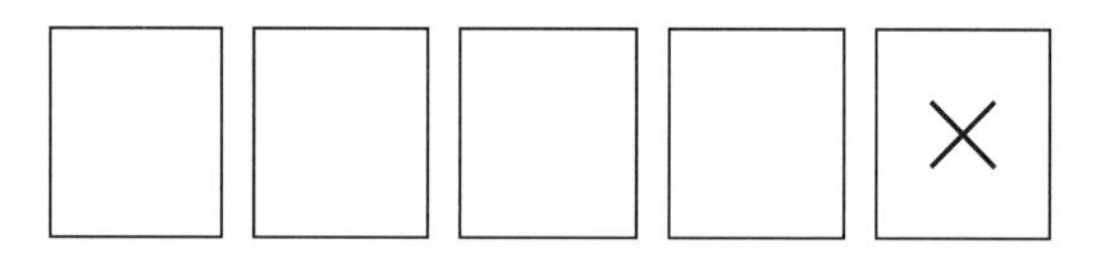

"그러지 말고 5장의 종이 중에서 4장의 종이에 색칠해 보면 어떨까? 그래서 색칠된 종이를 뽑는 모둠이 집에 가기로 하자. 어때?"

철수가 제안하며 자신이 만든 제비뽑기 종이를 보여 줍니다.

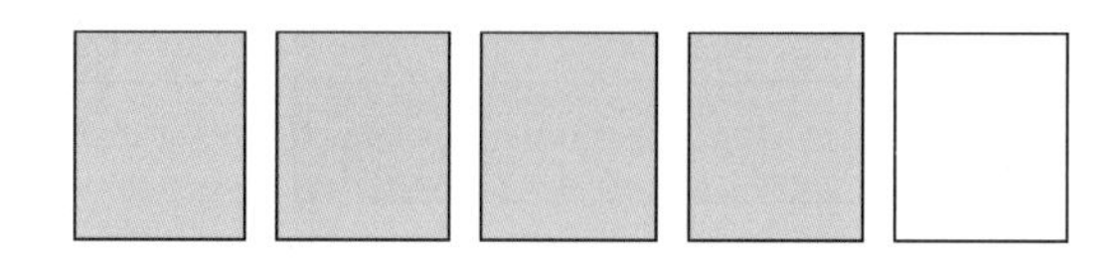

"체, 그게 그거지. 어차피 결과는 같게 나오는 거 아닌가?"

"아냐. 집에 갈 네 모둠을 뽑는 것이니까 4장에 표시해야 하고, 그래서 4장에 색칠하는 거야."

"정말? 어휴, 암튼 정신없다."

"그러게 말이야. 우리 이러지 말고 선생님께 여쭤 보자."

"좋아 좋아."

철수와 영희는 다섯 모둠을 대표해서 선생님을 찾아 교무실에 갑니다. 마침 선생님이 교무실에 계십니다. 철수와 영희의 이야기를 듣고, 파스칼 선생님은 자상하게 설명해 줍니다.

자, 아래처럼 정리해 볼까요? 이 경우는 우리가 방금 알아본 조합의 성질 ${}_nC_r={}_nC_{n-r}$에 속하는 경우입니다. 어때요. 맞죠?

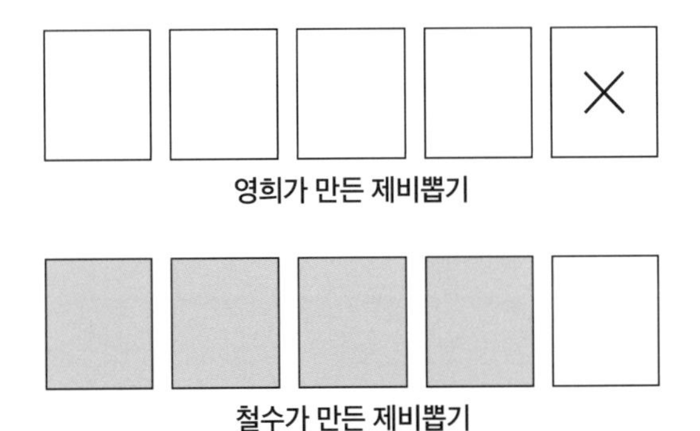

따라서 좀 전의 두 제비뽑기는 모두 같은 결과를 가져옵니다.

영희가 만든 것에서도 × 표시가 안 된 4장의 종이 중 하나를 선택하면 집에 가는 모둠이 되고, × 표시가 된 1장의 종이를 선택하면 뒷정리해야 하는 모둠이 됩니다. 다시 말해서 철수가 만든 것에서도 색칠된 4장의 종이 중 하나를 선택하면 집에 가는 모둠이 되고 색칠이 안 된 1장의 종이를 선택하면 뒷정리를 해야 하는 모둠이 되는 것이지요.

결국 다섯 모둠 중에서 정리할 한 모둠을 선택하는 방법은 다섯 모둠 중에서 정리를 안 하는 네 모둠을 선택하는 방법과 같답니다. 이러한 조합을 기호로 표현하자면 ${}_5C_1 = {}_5C_{(5-1)}$이므로 ${}_5C_1 = {}_5C_4$이에요.

이는 일반적으로 조합의 성질 ${}_nC_r = {}_nC_{n-r}$은 n개 중에서 어떤 A 그룹에 들어갈 r개를 뽑는 가짓수는, n개 중에서 A 그룹에 들어가지 않을 $(n-r)$개를 뽑는 것과 같다는 것을 의미합니다.

이제 궁금한 게 풀렸나요? 도움이 됐다면 좋겠네요. 모르는 것이 있으면 언제든지 오세요. 알았죠?

수업 정리

조합의 성질

조합의 성질 ${}_n\mathrm{C}_r = {}_n\mathrm{C}_{n-r}$은 n개 중에서 어떤 A 그룹에 들어갈 r개를 뽑는 가짓수는, n개 중에서 A 그룹에 들어가지 않을 $(n-r)$개를 뽑는 것과 같다는 것을 의미합니다.

예를 들어, ${}_{12}\mathrm{C}_3 = {}_{12}\mathrm{C}_9$입니다. 왜냐하면 조합의 성질에 의해 $n=12, r=3$일 때 ${}_{12}\mathrm{C}_3$은 ${}_{12}\mathrm{C}_{(12-3)}$과 같기 때문입니다.

이 성질은 조합의 대칭성을 의미합니다. 이는 나중에 소개할 '파스칼의 삼각형'에서도 쉽게 확인할 수 있습니다.

그리고 조합의 공식을 이용하여 증명해 보면 다음과 같습니다.

${}_n\mathrm{C}_r = \dfrac{n!}{r!(n-r)!}$에서 r 대신 $(n-r)$을 대입해 보면

$${}_n\mathrm{C}_{n-r} = \frac{n!}{(n-r)!\{n-(n-r)\}!} = \frac{n!}{(n-r)!r!} = {}_n\mathrm{C}_r$$

따라서 ${}_n\mathrm{C}_r = {}_n\mathrm{C}_{n-r}$이 성립함을 알 수 있습니다.

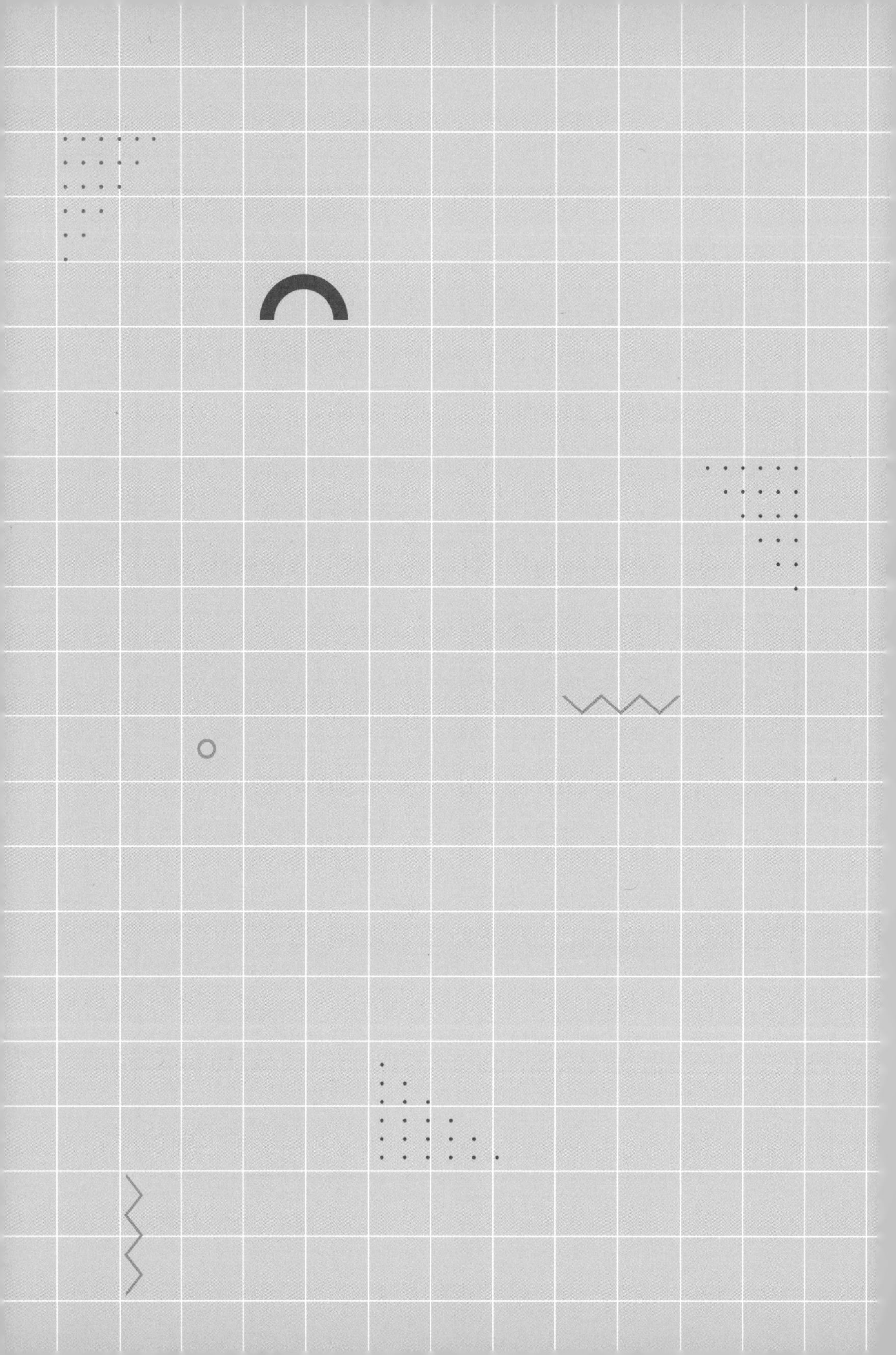

5교시

조합과 분할

구별되지 않는 상자나 조로 전체 대상을 분할하는 상황은
조합을 이용하여 해결할 수 있음을 알아봅니다.

수업 목표

서로 다른 n개를 특정 조건에 의해 몇 개의 부분으로 분할하는 방법의 수를 구할 때 조합이 이용됨을 이해합니다.

미리 알면 좋아요

1. **곱의 법칙** 사건 E가 두 개의 연속된 사건들, 즉 사건 A, 사건 B로 분해될 수 있을 때 사건 A가 일어나는 데는 a가지 방법이 있고, 사건 B가 일어나는 데는 b가지 방법이 있다면, 사건 E가 일어나는 방법의 수는 $(a \times b)$가지입니다.

   ㉮ 양말이 2종류, 신발이 3종류 있을 때 양말과 신발을 신는 서로 다른 방법의 수는 모두 $2 \times 3 = 6$가지입니다.

2. **순열** 서로 다른 n개에서 r개를 택하여 배열하는 것을 n개에서 r개를 택하는 '순열'이라 하고, 이 순열의 수를 기호로 ${}_{n}\mathrm{P}_{r}$으로 나타냅니다. 여기서 P는 순열Permutation의 앞 자를 지칭하는 것입니다.

   ㉮ 6개 중에서 4개를 택하여 순서를 고려하여 배열하는 경우의 수는 ${}_{6}\mathrm{P}_{4} = 6 \times 5 \times 4 \times 3 = 360$입니다.

3. **계승** 기호 !는 계승 또는 팩토리얼factorial이라고 읽습니다. 1에서 n까지의 모든 자연수의 곱을 n의 계승이라 하고, 이것을 기호로 $n!$과 같이 나타냅니다. 단, $0! = 1$로 약속합니다.

   ㉮ $2! = 2 \times 1$, $3! = 3 \times 2 \times 1$, $4! = 4 \times 3 \times 2 \times 1$, $5! = 5 \times 4 \times 3 \times 2 \times 1$, ……
   $n! = n \times (n-1) \times (n-2) \times \cdots\cdots \times 1$

파스칼의 다섯 번째 수업

지은이는 사물함에 물건을 정리하고 있습니다. 준섭이는 지은이가 물건을 넣었다 뺐다 하는 것을 보고 도움이 필요한지 알아보려고 가까이 가 보았습니다.

"도와줄까?"

"응, 고마워. 내 사물함은 3개의 칸으로 나뉘어 있는데 물건들을 정리할 때 몇 가지 방법이 있는지 궁금했거든."

"앗, 그런 거야? 난 힘쓰는 일을 도와주려 했지……."

"체, 뭐야……. 도와줄 것처럼 얘기해 놓고."

지은이의 사물함 모양　　　　지은이의 물건들

먼저 지은이의 사물함을 보면 각 칸은 서로 구분되지 않는 특징을 지닙니다. 그리고 지은이는 서로 다른 8가지의 물건을 갖고 있습니다. 따라서 우리가 해결해야 하는 문제는 구분되지 않는 3개의 칸에 서로 다른 8개의 물건을 나누어 넣는 것입니다.

예를 들어 서로 다른 8개의 물건을 1개, 3개, 4개로 나눈다고 해 볼게요. 그러면 사물함의 각 칸은 구별되지 않기 때문에 서로 다른 8개의 물건에서 1개, 3개, 4개를 선택하는 조합의 수를 구하면 되겠죠?

눈으로 직접 확인할 겸 여러분이 각 칸에 물건을 분류해 넣어 보는 게 좋겠네요.

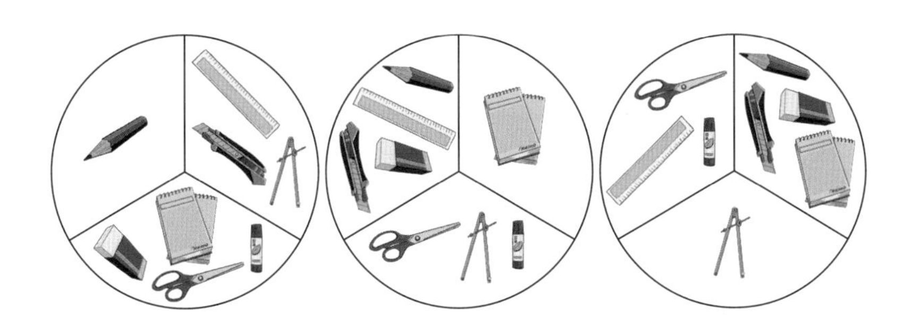

네, 그렇습니다. 모두 잘 분류했군요. 즉, 어떻게 분류하든 위의 그림과 같은 식으로 서로 다른 8개의 물건을 1개, 3개, 4개 선택하기만 하면 되겠지요. 그런데 모든 경우의 수를 일일이 써 볼 수 없겠지요? 따라서 조합의 수를 나타내는 기호와 논리를 이용하여 알아볼까 합니다.

먼저 서로 다른 8개의 물건 중에서 1개를 선택하는 방법의 수는 ${}_{8}C_{1}$입니다.

1개를 선택하여 칸에 넣었으니 이제 선택할 수 있는 물건의 개수는 (8－1)개입니다. 이 중에서 3개를 선택하는 방법의 수는 ${}_{8-1}C_{3}$입니다.

3개를 선택하여 칸에 넣었으니 이제 선택할 수 있는 물건의 개수는 (8－1－3)개뿐입니다. 이 중에서 마지막으로 4개를 선택하는 방법의 수는 ${}_{8-1-3}C_{4}$입니다.

따라서 서로 다른 8개의 물건을 3개의 칸에 나누어 넣는 사건의 수는 이 세 사건이 모두 일어났을 때 가능합니다. 이는 곱의 법칙에 의해 ${}_{8}C_{1} \times {}_{8-1}C_{3} \times {}_{8-1-3}C_{4}$가 됩니다.

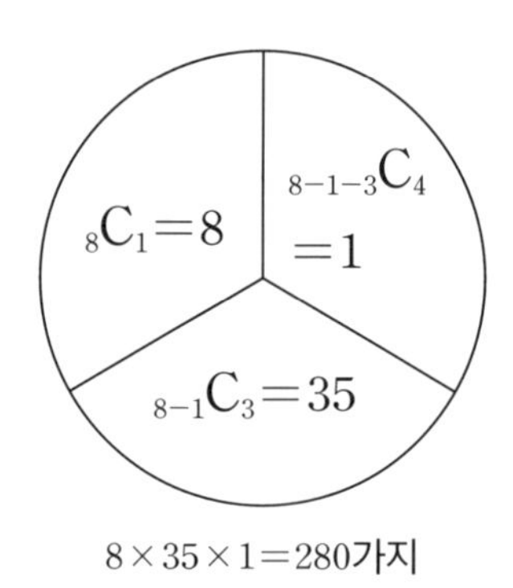

$8 \times 35 \times 1 = 280$가지

서로 다른 8개를 1개, 3개, 4개로 나누어 구별되지 않는 칸에 넣는 방법의 수

주목할 점은 마지막으로 선택하는 경우예요. 8개 중에서 1개, 3개를 선택하였으니까 선택을 할 수 있도록 남은 물건의 수는 $8-1-3=4$개뿐입니다. 결국 마지막에 선택하려는 물건의 개수와 같습니다. 그러므로 굳이 선택의 가짓수를 세어 보지 않아도 한 가지 방법밖에 없음을 알 수 있어요. 이것은 ${}_{8-1-3}C_4={}_4C_4=1$이라는 점으로도 확인할 수가 있습니다.

이번에는 서로 다른 8개의 물건을 2개, 2개, 4개로 나눌 때 모든 경우의 수는 얼마일까요?

"파스칼 선생님, 제가 풀 수 있을 것 같아요. 조금 전에 배운 대로 한다면 8개 중에서 2개를 선택하고, 남은 6개에서 또 2개를 선택하고, 마지막으로 남은 4개 중에서 4개를 선택하는 것이니까 ${}_8C_2\times{}_{8-2}C_2\times{}_{8-2-2}C_4={}_8C_2\times{}_6C_2\times{}_4C_4=28\times15\times1=420$가지입니다."

오, 놀라운데요? 철수가 아주 잘 해결했지만 한 가지 빠뜨린 부분이 있답니다. 다 같이 서로 다른 8개의 물건을 2개, 2개, 4개로 선택하여 칸에 정리한 두 그림을 살펴볼까요?

사물함의 각 칸은 서로 구별되지 않습니다. 즉, 2가지가 서로 같은 분할을 한 것이지요. 그러면 이제 자세하게 설명하겠습니다.

다음 그림은 {연필, 지우개, 자, 컴퍼스, 칼, 가위, 풀, 메모지} 중에서 {연필, 지우개}를 선택하여 한 칸에 넣고, 남은 {자, 컴퍼스, 칼, 가위, 풀, 메모지} 중에서 {자, 컴퍼스}를 선택하여 한 칸에 넣고, 남은 {칼, 가위, 풀, 메모지}를 남은 한 칸에 넣은 경우입니다.

결국 서로 다른 8개의 물건을 {연필, 지우개}, {자, 컴퍼스}, {칼, 가위, 풀, 메모지}로 분할한 것이 됩니다.

{연필, 지우개}, {자, 컴퍼스}, {칼, 가위, 풀, 메모지} 분할 : ⓐ

{자, 컴퍼스}, {연필, 지우개}, {칼, 가위, 풀, 메모지} 분할 : ⓑ

반면, 그림 ⓑ는 {연필, 지우개, 자, 컴퍼스, 칼, 가위, 풀, 메모지} 중에서 {자, 컴퍼스}를 선택하여 한 칸에 넣고, 남은 {연필, 지우개, 칼, 가위, 풀, 메모지} 중에서 {연필, 지우개}를 선택하여 한 칸에 넣고, 남은 {칼, 가위, 풀, 메모지}를 남은 한 칸에 넣은 경우입니다. 결국 서로 다른 8개의 물건을 {자, 컴퍼스}, {연필, 지우개}, {칼, 가위, 풀, 메모지}로 분할한 것이 되는 거예요.

그러므로 ⓐ와 ⓑ 두 그림은 똑같은 방법으로 분할한 것이지요. 그러면 왜 이런 일이 생긴 것일까요? 그 이유는 무엇 때문일까요? 이는 서로 다른 8개의 물건을 2개, 2개, 4개로 나눈다고 했을 때, 바로 사물함의 두 칸에 들어가는 물건의 개수가 2개로 서로 같기 때문입니다. 사물함의 이 두 칸은 서로 구별되지 않기 때문에 두 칸의 순서를 달리하는 순열의 수를 철수가 구한 값에서 나누어 주어야 해요. 따라서 서로 다른 8개의 물건 중에서 2, 2, 4개를 선택하는 방법의 수는 ${}_{8}C_{2} \times {}_{8-2}C_{2} \times {}_{8-2-2}C_{4} \times \frac{1}{2!}$ $=210$이 됩니다.

"아하, 그렇군요! 선생님, 그러면…… 서로 다른 15개의 물건을 5개, 5개, 5개로 분할하는 경우는 어떻게 되나요?"

철수가 좋은 질문을 했네요. 예를 들어, 서로 다른 6개의 사탕을 2개, 2개, 2개씩 모두 3묶음을 만들어 놓았다가 혼자서 생각날 때 먹는다고 해 볼까요?

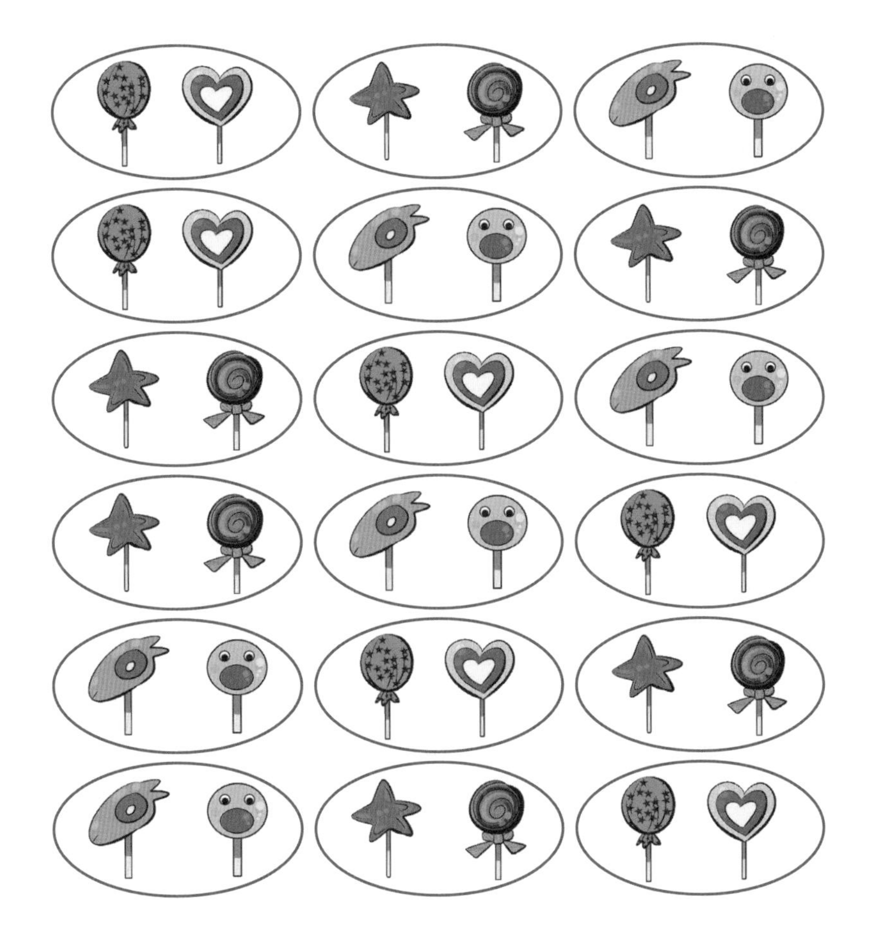

위의 사탕 그림과 같이 각 묶음은 서로 구분이 되지 않기 때문에 3묶음을 배열하는 순열의 수 3!만큼 같은 경우가 생깁니다. 따라서 서로 다른 6개의 사탕을 2개, 2개, 2개씩 3묶음으로 분할하는 방법의 수는 ${}_{6}C_{2} \times {}_{6-2}C_{2} \times {}_{6-2-2}C_{2} \times \frac{1}{3!} = 15$가지가

돼요.

마찬가지로 서로 다른 15개의 물건을 5개, 5개, 5개로 분할하면 개수가 같은 3개의 분할된 그룹이 생기겠죠? 그러면 3개의 그룹을 배열하는 순열의 수 3!만큼 같은 경우가 생깁니다. 따라서 구하고자 하는 수는 ${}_{15}C_5 \times {}_{15-5}C_5 \times {}_{15-5-5}C_5 \times \frac{1}{3!}$이 된답니다.

마지막으로 여러분에게 당부하고 싶은 점이 있어요. 오늘 우리가 논의한 것은 어디까지나 서로 다른 물건들을 나누어 상자나 칸에 넣더라도 '상자나 사물함의 칸이 서로 구분되지 않는 경우'라는 점입니다. 그러므로 서로 다른 물건들을 조건에 맞게 분할만 하면 되는 사건들을 생각하면 되는 거예요.

만약 분할하고 나서 서로 다른 사람들에게 나누어 주거나 구분되는 상자에 집어넣으면 어떻게 되느냐고요? 그런 사건들은 다음 시간에 살펴보도록 하겠습니다.

수업 정리

조합과 분할

서로 다른 n개의 물건을 p개, q개, r개로 나누는 방법의 수를 조합을 이용하여 구하는 방법은 다음과 같습니다. 이때 $p+q+r=n$입니다. 이 사건은 단지 주어진 조건대로 전체의 수를 분할하는 경우로서 예를 들어 p개, q개, r개로 나누어 상자에 담아도 상자들은 서로 구분되지 않는 특성이 있습니다.

(1) p, q, r이 서로 다르면 ${}_{n}C_{r} \times {}_{n-r}C_{q} \times {}_{n-r-q}C_{r}$입니다.

이때 $p+q+r=n$이므로 $n-p-q=r$이 되어 ${}_{n-r-q}C_{r}$은 항상 1이 됩니다. 따라서 간단하게 ${}_{n}C_{r} \times {}_{n-r}C_{q}$으로 계산해도 됩니다.

예) 서로 다른 10개의 물건을 2개, 3개, 5개로 분할하는 방법의 수는 ${}_{10}C_{2} \times {}_{10-2}C_{3}$ 입니다.

(2) p, q, r 중 어느 2개만 같으면 ${}_{n}C_{r} \times {}_{n-r}C_{q} \times \frac{1}{2!}$이 됩니다.

예) 서로 다른 10개의 물건을 2개, 4개, 4개로 분할하는 방법의 수는 ${}_{10}C_{2} \times {}_{8}C_{4} \times \frac{1}{2!}$입니다.

(3) p, q, r 이 모두 같으면, 즉 $p=q=r$이면 ${}_{n}C_{r} \times {}_{n-r}C_{q} \times \frac{1}{3!}$가 됩니다.

예 서로 다른 12개의 물건을 4개, 4개, 4개로 분할하는 방법의 수는 ${}_{12}C_{4} \times {}_{8}C_{4} \times \frac{1}{3!}$입니다.

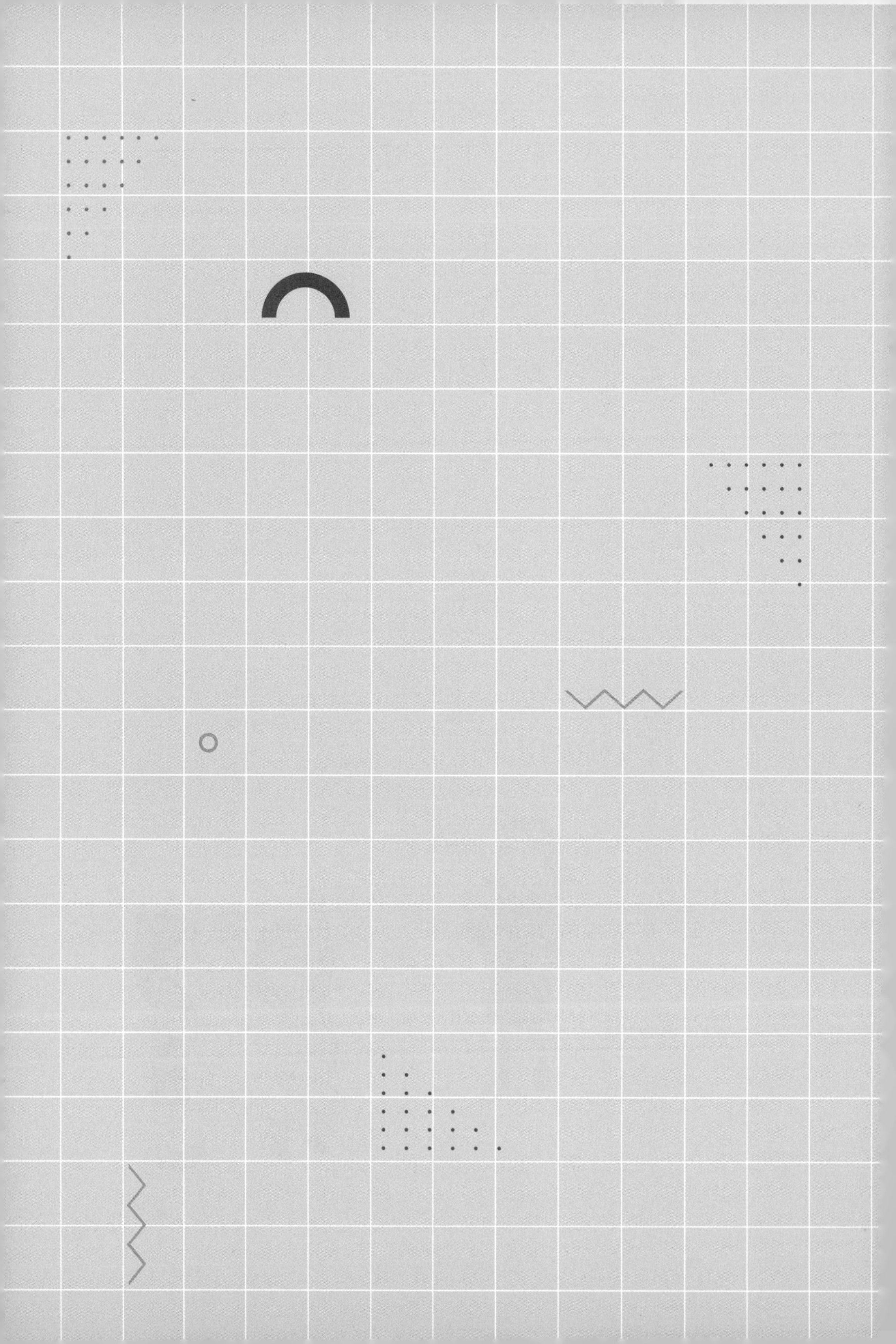

6교시

조합과 분배

서로 다른 n개를 특정 조건에 맞게 몇 개의 부분으로
분할한 후 분배하는 방법의 수를 구할 때
조합이 이용됨을 알아봅니다.

수업 목표

서로 다른 n개를 특정 조건에 맞게 몇 개의 부분들로 분할한 후 분배하는 방법의 수를 구할 때 조합이 이용됨을 이해합니다.

미리 알면 좋아요

1. **곱의 법칙** 사건 E가 두 개의 연속된 사건들, 즉 사건 A, 사건 B로 분해될 수 있을 때 사건 A가 일어나는 데는 a가지 방법이 있고, 사건 B가 일어나는 데는 b가지 방법이 있다면, 사건 E가 일어나는 방법의 수는 $(a \times b)$가지입니다.

2. **순열** 서로 다른 n개에서 r개를 택하여 배열하는 것을 n개에서 r개를 택하는 '순열'이라 하고, 이 순열의 수를 기호로 ${}_nP_r$으로 나타냅니다. 여기서 P는 순열Permutation의 앞 자를 지칭하는 것입니다.

3. **계승** 기호 !는 계승 또는 팩토리얼factorial이라고 읽습니다. 1에서 n까지의 모든 자연수의 곱을 n의 계승이라 하고, 이것을 기호로 $n!$과 같이 나타냅니다. 단, $0!=1$로 약속합니다.

파스칼의 여섯 번째 수업

여러분 지난 시간에 함께 살펴본 지은이의 사물함은 원 모양에 구별되지 않는 3칸으로 나뉘어 있었습니다.

오늘은 선생님이 여러분에게 퀴즈를 내 볼까 해서 색다른 모양의 사물함을 가지고 왔습니다. 서로 다른 8개의 물건을 몇 개씩 나누어 이 사물함의 각 칸에 분배하는 경우의 수를 알아볼까요?

“어, 이상하다? 지은이의 사물함과 선생님이 가져오신 사물함의 차이가 뭘까?”

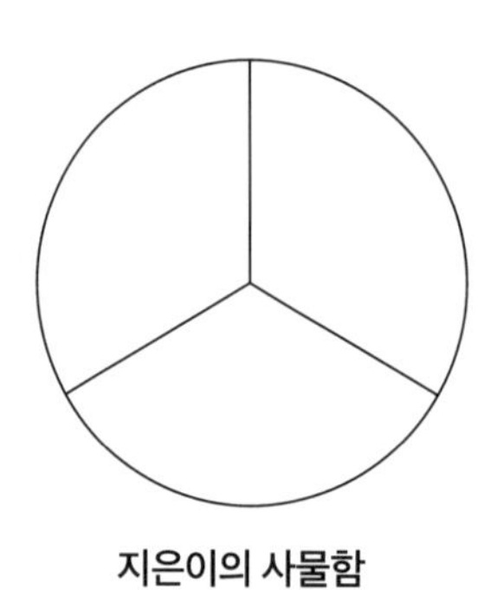

지은이의 사물함

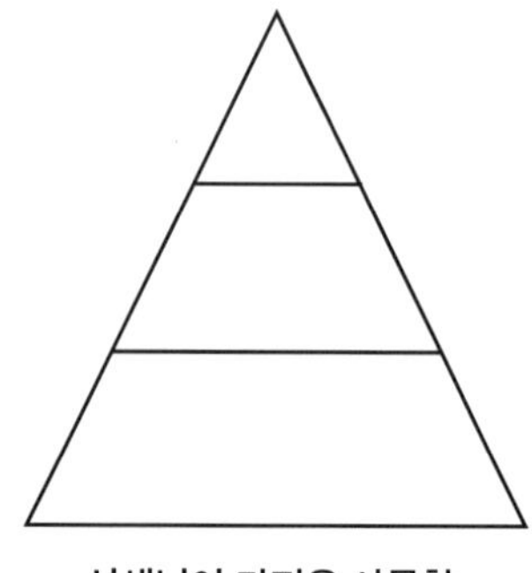

선생님이 가져온 사물함

"모양이 다르잖아."

하하. 네, 맞아요. 모양이 다르지요. 단순히 모양만 다른 것 말고 다른 점을 발견해 볼래요?

"아, 알겠어요. 물건을 나누어 넣을 때 지은이의 사물함에 있는 3개의 칸은 구별이 안 돼요. 하지만 선생님의 사물함에 있는 3개의 칸은 구별되네요?"

네, 맞아요. 모두 잘 발견했어요. 그런데 그게 무슨 차이를 가져올까요?

여러분이 발견한 대로 지은이의 사물함에서 3개의 칸은 서로 구별되지 않고 선생님이 갖고 온 사물함은 3개의 칸이 서로 구별됩니다. 이것이 서로 다른 물건들을 분배하여 넣을 때 어떤 차이를 가져오는지 함께 알아볼까요?

서로 다른 물건을 몇 개씩 나누어 구별되지 않는 칸이나 상자에 넣을 때에는 분할하는 방법의 수만 구하면 됐습니다. 하지만 선생님이 가져온 사물함처럼 각 칸이 서로 구별될 때는 서로 다른 물건을 세 집단으로 분할하고 난 뒤 서로 다른 칸에 분배하는 방법의 수까지 생각해야 합니다.

먼저 서로 다른 물건들을 분할하는 경우의 수를 구해 보도록 하겠습니다. 잘 알겠지만 서로 다른 8개의 물건을 1개, 3개, 4개로 나누는 방법의 수는 ${}_8C_1 \times {}_{8-1}C_3 \times {}_{8-4-3}C_4 = {}_8C_1 \times {}_7C_3$입니다.

그런 다음 구별되는 서로 다른 3개의 칸에 분배해 주는 것이므로 순서를 고려하여 배열하는 사건에 해당됩니다. 따라서 3!

만큼의 가짓수가 곱해져야겠지요. 예를 들어 {곰 인형}, {장난감 자동차, 책, 게임기}, {로봇, 레고 블록, 오카리나, 음악 CD}로 분할한 것을 서로 다른 3개의 칸에 분배해 보면 다음과 같습니다.

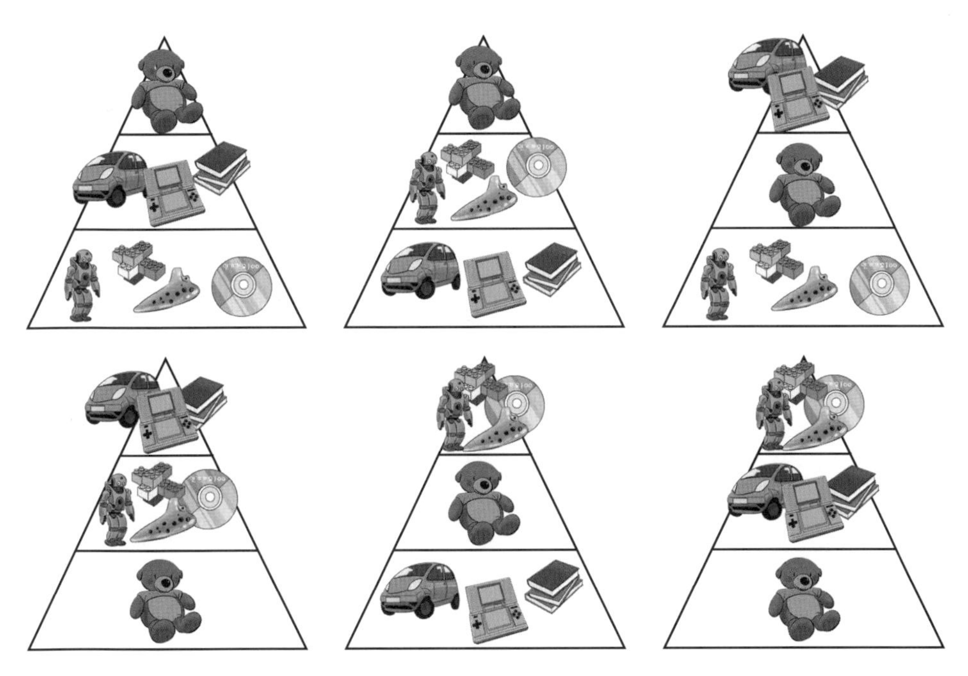

서로 다른 3개의 칸에 분배한 3! 가지의 경우

모두 6가지의 경우가 생김을 확인할 수 있습니까? 간단히 정리하자면 한 칸에 한 그룹의 사물을 분배하는 경우의 수는 3가지, 다른 한 칸에 또 다른 한 그룹의 사물을 분배하는 경우의 수는 2가지, 마지막 칸에 마지막 한 그룹의 사물을 분배하는 경우의 수는 1가지이므로 $3\times2\times1$가지, 즉 $3!=6$가지가 생깁니다.

분할한 나머지 그룹들에 대해서도 $3!$가지씩 분배하는 경우의 수가 생깁니다. 따라서 서로 다른 8개의 물건을 1개, 3개, 4개로 나누어 서로 다른 3개의 칸에 분배하는 경우의 수는 ${}_8C_1\times{}_7C_3\times3!=1680$가지입니다.

다음으로는 서로 다른 8개의 물건을 2개, 2개, 4개로 나누어 각 칸에 분배하는 경우를 알아봅시다.

먼저 서로 다른 8개의 물건을 2개, 2개, 4개로 분할하는 경우의 수를 구합니다. 분할하는 경우에는 분할된 그룹 간에 서로 구별되지 않는 특징을 가지기 때문에 2개, 2개로 분할된 두 그룹의 순서를 달리하는 순열의 수 $2!$만큼 같은 경우가 됩니다.

예를 들어, {장난감 자동차, 책}, {게임기, 로봇}, {레고, 오카리나, 음악 CD, 곰 인형}으로 분할한 그룹과 {게임기, 로봇}, {장난감 자동차, 책}, {레고, 오카리나, 음악 CD, 곰 인형}으로 분할한 그룹 간에는 서로 구별이 되지 않습니다.

따라서 서로 다른 8개의 물건을 2개, 2개, 4개로 분할하는 경우의 수는 ${}_8C_2\times{}_6C_2$를 $2!$로 나누어 준 ${}_8C_2\times{}_6C_2\times\frac{1}{2!}$이 됩니다.

이렇게 분할한 것을 이제 구별되는 3개의 칸에 나누어 분배하기만 하면 되므로 순서를 고려하여 배열하는 사건에 해당됩니다. 따라서 3!만큼의 가짓수가 곱해져야 합니다. 따라서 서로 다른 8개의 물건을 2개, 2개, 4개로 분할한 뒤 서로 다른 3개의 칸에 분배하는 경우의 수는 ${}_8C_2 \times {}_6C_2 \times \frac{1}{2!} \times 3! = 1260$가지입니다.

예를 들어, {장난감 자동차, 책}, {게임기, 로봇}, {레고, 오카리나, 음악 CD, 곰 인형}으로 분할한 경우 이것을 서로 다른 3개의 칸에 분배해 보면 다음과 같습니다.

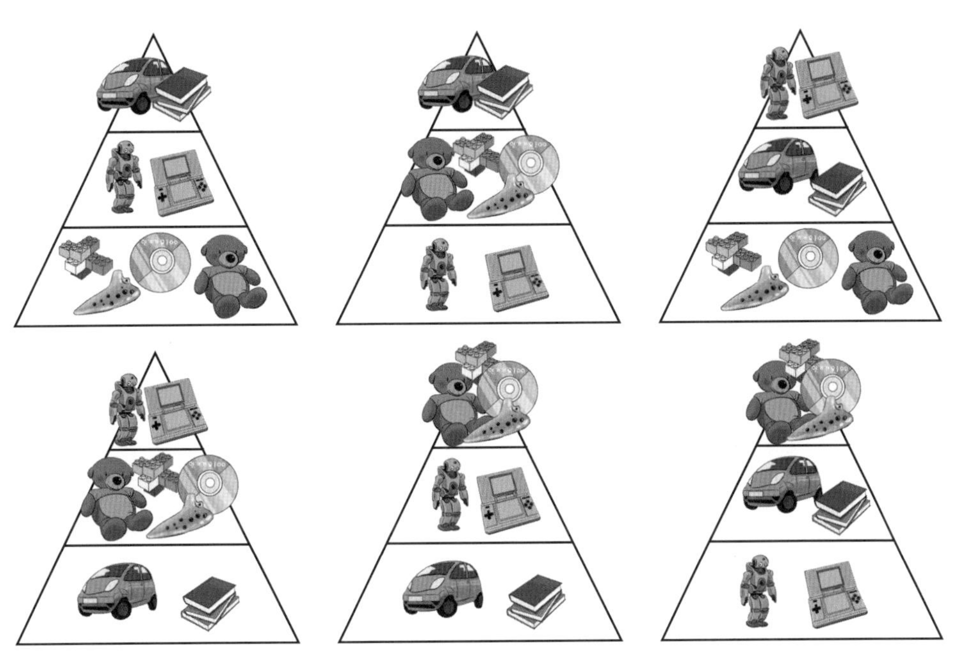

서로 다른 3개의 칸에 분배한 3!가지의 경우

정리하자면 서로 다른 n개의 물건을 나누고 난 뒤 서로 구별되도록 분배하는 방법은 '분할하기'와 '분배하기'라는 2가지 단계를 거치게 됩니다. 조합을 이용하여 순서에 상관없이 몇 개의 그룹으로 분할하기를 할 때는 지난 시간에 다룬 것처럼 같은 개수를 가진 그룹이 있는지 없는지만 고려하면 됩니다. 만약 같은 개수를 가진 그룹이 존재하면 그룹의 수만큼을 배열하는 순열의 수로 나누어 주면 됩니다.

분할한 그룹들을 서로 구별되는 상자에 담거나, 서로 다른 사람들에게 나누어 주거나, 서로 다른 조로 나누는 사건은 모두 순서를 고려해서 배열하는 것이 됩니다. 따라서 이때는 그룹들을 배열하는 순열의 수를 구해 주면 되겠지요.

조합을 이용하여 분배하기는, 이처럼 '순서를 고려하지 않고 선택하여 서로 다른 물건들을 분할'하는 사건과 '분할된 그룹들을 분배'하는 사건들의 '곱'으로 구해지는 것입니다.

수업 정리

조합과 분배

서로 다른 n개의 물건을 p개, q개, r개로 나누고 서로 다른 3개의 대상에게 분배하는 방법의 수를 조합을 이용하여 구하는 방법은 다음과 같습니다. 이때 $p+q+r=n$입니다. 이 사건은 주어진 조건대로 전체의 수를 분할하고 난 뒤 순열을 이용하여 배열하는 수를 구하여 곱하면 됩니다. 지난 시간에 다룬 조합과 순열과의 차이는 바로 서로 다른 대상에게 분배하는 경우의 수를 더 고려해야만 한다는 것입니다. 따라서 조합과 분할에 의해 구한 것에, 분할하여 얻어진 그룹들을 배열하는 경우의 수만큼을 곱하면 됩니다.

(1) p, q, r이 서로 다르면 ${}_{n}C_{r} \times {}_{n-r}C_{q} \times {}_{n-r-q}C_{r} \times 3!$입니다.
이때 $p+q+r=n$이므로 $n-p-q=r$이 되어 ${}_{n-r-q}C_{r}$은 항상 1이 됩니다. 따라서 간단하게 ${}_{n}C_{r} \times {}_{n-r}C_{q} \times 3!$으로 계산해도 됩니다.

㉔ 서로 다른 10개의 물건을 2개, 3개, 5개로 나누어 서로 다른 3개의 대상에게 분배하는 방법의 수는 ${}_{10}C_{2} \times {}_{8}C_{3} \times 3!$입니다.

(2) p, q, r 중 어느 2개만 같으면 ${}_{n}C_{r} \times {}_{n-r}C_{q} \times \frac{1}{2!} \times 3!$이 됩니다.

예 서로 다른 10개의 물체를 2개, 4개, 4개로 나누어 서로 다른 3개의 대상에게 분배하는 방법의 수는 ${}_{10}C_{2} \times {}_{8}C_{4} \times \frac{1}{2!} \times 3!$입니다.

(3) p, q, r이 모두 같으면 ${}_{n}C_{r} \times {}_{n-r}C_{q} \times \frac{1}{3!} \times 3!$이 됩니다.

예 서로 다른 12개의 물체를 4개, 4개, 4개로 나누어 서로 다른 3개의 대상에게 분배하는 방법의 수는 ${}_{12}C_{4} \times {}_{8}C_{4} \times \frac{1}{3!} \times 3!$입니다.

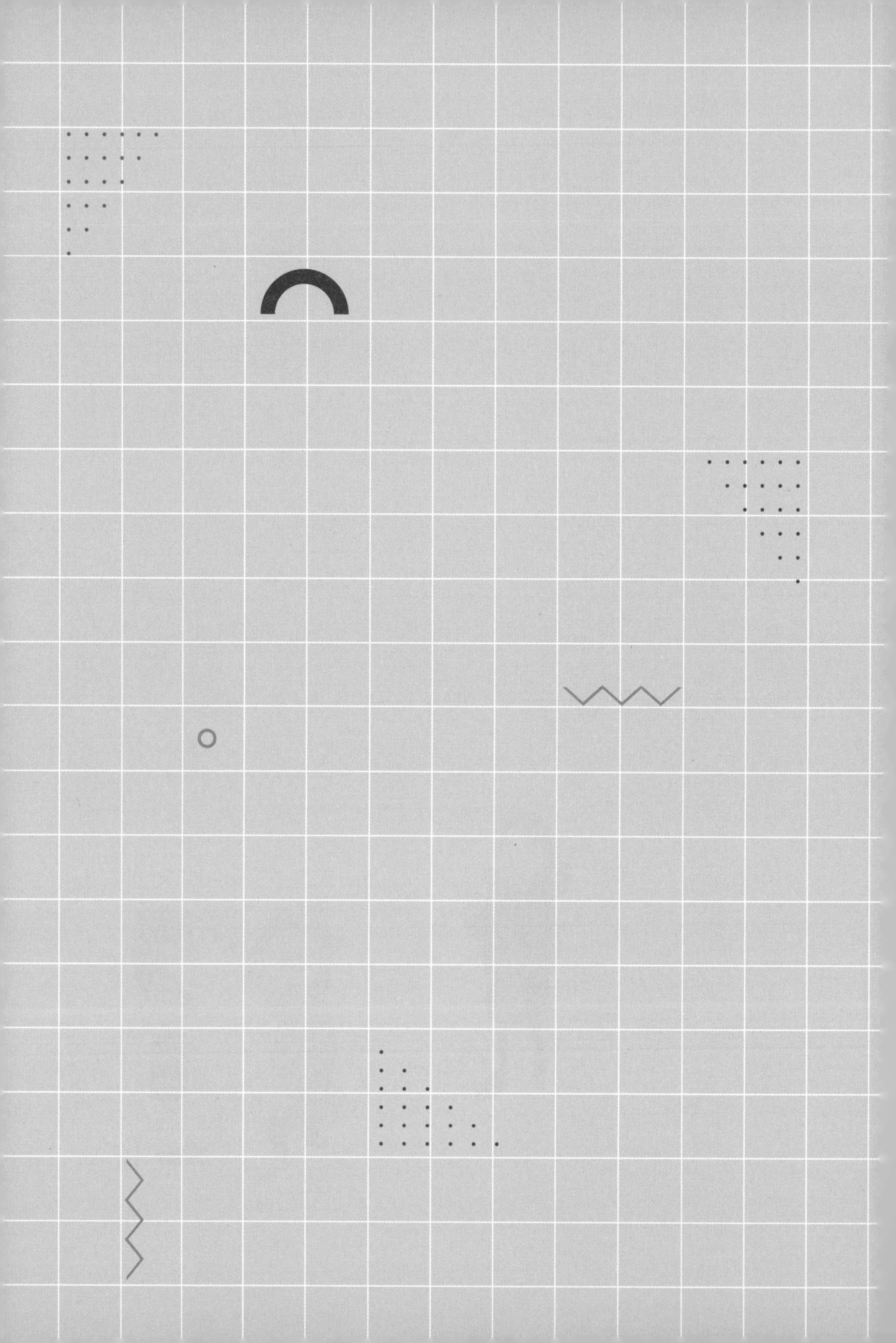

7교시

이항정리와 이항계수

이항정리와 이항계수가 무엇이고
조합과는 어떤 관련이 있는지 알아봅니다.

수업 목표

이항정리와 이항계수가 무엇이고 조합과는 어떤 관련이 있는지 알아봅니다.

미리 알면 좋아요

1. **항, 다항식, 계수** $2x^2-3x+5$가 있을 때 이것은 x에 관한 이차식이 됩니다. $2x^2$, $-3x$, 5 각각은 항이고 항이 2개 이상 있으므로 다항식이 됩니다. 특히, 5는 상수항이라고 부릅니다. 그리고 x^2의 계수는 2, x의 계수는 -3이 됩니다.

2. **곱셈의 분배법칙** 임의의 실수 a, b, c에 대하여
$a\times(b+c)=a\times b+a\times c$ 또는 $(b+c)\times a=b\times a+c\times a$

3. **식의 전개** 단항식과 다항식의 곱셈이나 다항식끼리의 곱셈을 분배법칙을 이용하여 하나의 다항식으로 나타내는 것을 전개라고 합니다. 이때 전개하여 얻은 다항식을 전개식이라고 하는데 동류항끼리 정리하여 간단히 할 수 있습니다.

㉮ 단항식과 다항식의 곱 $x(2x+1)$을 전개하여 봅시다.
x 분배법칙에 의하여 $x\cdot 2x+x\cdot 1=2x^2+x$

4. **조합의 성질 ${}_n\mathrm{C}_r={}_n\mathrm{C}_{n-r}$** 이 성질은 n개 중에서 어떤 A 그룹에 들어갈 r개를 뽑는 가짓수는 n개 중에서 A 그룹에 들어가지 않을 $(n-r)$개를 뽑는 것과 같다는 것을 의미합니다. 또한 조합의 대칭성을 의미하기도 합니다.

㉮ ${}_8\mathrm{C}_2={}_8\mathrm{C}_6$입니다. 왜냐하면 조합의 성질에 의해 $n=8$, $r=2$일 때 ${}_8\mathrm{C}_2$은 ${}_8\mathrm{C}_{(8-2)}$와 같기 때문입니다.

파스칼의 여섯 번째 수업

철수와 영희는 누가 빨리 계산할 수 있는지 서로 내기하고 있습니다. 이때 준섭이가 퀴즈를 하나 냈습니다.

"$(2x+1)^{10}$을 전개하면 어떻게 될까?"

철수와 영희는 열심히 종이에 식을 전개해 보지만 종이가 꽉 차도록 써 내려가도 도무지 헷갈리기만 합니다. 잠시 후 철수와 영희가 동시에 외쳤습니다.

"파스칼 선생님, 도와주세요. 쉬운 방법은 없나요?"

수학의 공식들은 오랜 역사 속에서 수많은 학자의 노력으로 얻어진 것입니다. 이러한 공식들은 수학의 다양한 분야에 적용되어 수학이 더 발달할 수 있도록 도왔고, 공식을 만들어 내는 과정에서 또 다른 이론을 만들어 내기도 했답니다. 공식이 만들어짐으로써 우리는 이 공식을 이용하여 때로는 복잡해 보이는 문제를 간단하면서도 효율적으로 해결할 수 있답니다.

"아, 선생님! 그러면 준섭이가 낸 퀴즈도 혹시 공식을 이용하면 더욱 쉽게 계산할 수 있나요?"

네, 그렇습니다. 하지만 무조건 외우기만 하는 것은 좋지 않습니다. 공식이 유도되었던 과정을 함께 생각해 보는 것이 좋습니다. 왜냐하면 수학적 사고력은 이러한 과정을 통해 길러지는 것이기 때문입니다.

자, 이항식의 거듭제곱을 전개한 것을 먼저 살펴보면서 규칙성이 있는지 알아보도록 하겠습니다.

$(a+b)^0=1$

$(a+b)^1=a+b$

$(a+b)^2=a^2+2ab+b^2$

$$(a+b)^3=a^3+3a^2b+3ab^2+b^3$$

$$(a+b)^4=a^4+4a^3b+6a^2b^2+4ab^3+b^4$$

……

어떤 규칙성을 발견할 수 있나요?

"제곱을 했을 때는 a의 차수가 2, 1, 0차로 줄어들고 이때 b의 차수는 0, 1, 2로 늘어나요. 어? 이것이 세제곱을 했을 때는 a의 차수가 3, 2, 1, 0으로 줄어들고 반면 b의 차수는 0, 1, 2, 3으로 늘어나요! 네제곱일 때도 마찬가지인데요?"

"차수에 대한 규칙성만 있는 것은 아닌 것 같아요. 제곱을 했을 때 각 항의 계수들은…… 어디선가 본 것 같아요."

"아, 그러고 보니 각 항의 계수들이 대칭을 이루며 똑같은데요? 예를 들어 제곱을 했을 때는 1, 2, 1이니까 2를 기준으로 양쪽의 계수가 1로 똑같아요. 세제곱을 했을 때는 1, 3, 3, 1로 맨 처음과 마지막, 두 번째와 세 번째가 서로 같아요."

"우아, 정말 그렇네? 이건 지난번에 배운 조합이 대칭성을 가진다는 성질 ${}_nC_r={}_nC_{n-r}(r\leq n)$ 같아!"

잘 발견하였습니다. 이러한 사실을 규칙성에 의해 일반화된 전개식으로 만들어 볼 수 있나요? $(a+b)^0$과 $(a+b)^1$은 쉽게 이해가 될 테니 그다음부터 함께 살펴보도록 하지요.

$$(a+b)^2=(a+b)(a+b)$$
$$=aa+ab+ba+bb$$
$$=a^2+2ab+b^2$$

여기서 a^2의 계수는 1입니다. 이것은 a와 b로 길이 2인 문자열을 만들 때 b는 전혀 선택하지 않는 다른 말로는 모두 a만 선택하는 가짓수를 의미해요.

$$aa$$

이때 순서는 상관이 없으므로 조합을 이용하여 표현하자면 ${}_2C_0$또는 ${}_2C_2$이 되지요.

ab의 계수는 2입니다. 마찬가지로 a와 b로 길이 2인 문자열을 만들 때 1개의 b를 선택하는 다른 말로는 1개의 a를 선택하는 가짓수를 의미한답니다.

$$ab, ba$$

두 항은 동류항으로서 합을 할 수 있습니다. 다시 말해서 순서는 상관이 없으므로 조합을 이용하여 ${}_2C_1$로 표현할 수 있습니다.

b^2의 계수는 1이에요. 마찬가지로 a와 b로 길이 2인 문자열을 만들 때 모두 b만 선택하는 다른 말로는 a는 전혀 선택하지 않는 가짓수를 의미하지요.

$$bb$$

이때 순서는 상관이 없으므로 조합을 이용하여 표현하자면 ${}_2C_2$ 또는 ${}_2C_0$이 된답니다. 결과를 종합하여 이항식을 제곱한 전개식을 다시 표현하여 써 보면 다음과 같습니다.

$$(a+b)^2=a^2+2ab+b^2={}_2C_0a^2+{}_2C_1ab+{}_2C_2b^2$$

Tip

$(a+b)^2={}_2C_2a^2+{}_2C_1ab+{}_2C_0b^2$으로 표현하여도 맞습니다. 이 전개식은 a를 기준으로 a를 2번 선택, 1번 선택, 0번 선택한 조합의 수를 계수로 쓴 것입니다. 이와 비교하여 본문의 전개식은 b를 0번 선택, 1번 선택, 2번 선택한 조합의 수를 계수로 쓴 것입니다. 조합의 대칭성으로 말미암아 2가지 모두 같은 결과를 가져오게 됩니다.

$$(a+b)^3=(a+b)(a+b)(a+b)$$

$$=aaa+aab+aba+baa+abb+bab+bba+bbb$$
$$=a^3+3a^2b+3ab^2+b^3$$

여기서 a^3의 계수는 1입니다. 이것은 a와 b로 길이 3인 문자열을 만들 때 b는 전혀 선택하지 않는 다른 말로는 모두 a만 선택하는 가짓수를 의미하지요.

$$aaa$$

이때 순서는 상관이 없으므로 조합을 이용하여 표현하자면 ${}_3C_0$ 또는 ${}_3C_3$이 됩니다.

a^2b의 계수는 3입니다. 마찬가지로 a와 b로 길이 3인 문자열을 만들 때 1개의 b를 선택하는 다른 말로는 2개의 a를 선택하는 가짓수를 의미합니다.

$$aab, aba, baa$$

세 항은 동류항으로서 합을 할 수 있습니다. 다시 말하자면 순서는 상관이 없으므로 조합을 이용하여 ${}_3C_1$ 또는 ${}_3C_2$로 표현할 수 있답니다.

ab^2의 계수는 3입니다. 마찬가지로 a와 b로 길이 3인 문자열을 만들 때 2개의 b를 선택하는 다른 말로는 1개의 a를 선택하는 가짓수를 의미합니다.

$$abb, bab, bba$$

세 항은 동류항으로서 합을 할 수 있습니다. 다시 말하자면 순서는 상관이 없으므로 조합을 이용하여 ${}_3C_2$ 또는 ${}_3C_1$로 표현할 수 있습니다.

b^3의 계수는 1입니다. 마찬가지로 a와 b로 길이 3인 문자열을 만들 때 모두 b만 선택하는 다른 말로는 a는 전혀 선택하지 않는 가짓수를 의미합니다.

$$bbb$$

이때 순서는 상관이 없으므로 조합을 이용하여 표현하자면 ${}_3C_3$ 또는 ${}_3C_0$이 됩니다. 결과를 종합하여 이항식을 세제곱한 전개식을 다시 표현하여 써 보면 다음과 같습니다.

$$(a+b)^3 = a^3 + 3a^2b + 3ab^2 + b^3$$
$$= {}_3C_0a^3 + {}_3C_1a^2b + {}_3C_2ab^2 + {}_3C_3b^3$$

아마도 여러분은 말로 표현하기 복잡한 규칙성을 발견하였을 것입니다. 규칙성이 계속 유지된다면 과연 $(a+b)^n$은 전개하여 정리하면 어떻게 될까요?

"조합의 수를 나타내는 기호로 모두 표현이 가능할 것 같은데요?"

네, 그렇습니다. 그러면 정말 그런지 함께 살펴볼까요?

$$(a+b)^n = {}_n\mathrm{C}_0 a^n + {}_n\mathrm{C}_1 a^{n-1}b + {}_n\mathrm{C}_2 a^{n-2}b^2 + \cdots\cdots$$
$$+ {}_n\mathrm{C}_r a^{n-r}b^r + \cdots\cdots + {}_n\mathrm{C}_n b^n$$

바로 위의 전개식이 우리가 찾고자 했던 것으로서 이항식

$a+b$의 거듭제곱 $(a+b)^n$에 대하여 전개한 각 항 $a^{n-r}b^r$ $(r=0, 1, 2, \cdots\cdots, n)$의 계수값을 구하는 정리를 이항정리라고 합니다. 이때 ${}_nC_r a^{n-r}b^r$을 일반항이라고 하며 각 항의 계수 ${}_nC_0$, ${}_nC_1$, ${}_nC_2$, ……, ${}_nC_n$을 이항계수라고 합니다.

"아, 그러면 n이 커지면 이항식의 거듭제곱을 손으로 일일이 계산하는 것보다는 이항정리를 이용하면 이항계수를 쉽게 구할 수 있겠네요?"

네, 바로 그거랍니다. 이제 준섭이가 낸 문제를 함께 풀어 보면서 수업을 마무리하겠습니다.

$(a+b)^n={}_nC_0a^n+{}_nC_1a^{n-1}b+{}_nC_2a^{n-2}b^2+\cdots\cdots+{}_nC_ra^{n-r}b^r+\cdots\cdots+{}_nC_nb^n$에서 a대신 $2x$를, b대신 1을 대입하여 정리하면 됩니다. 따라서

$(2x+1)^{10}={}_{10}C_0(2x)^{10}+{}_{10}C_1(2x)^{10-1}(1)+{}_{10}C_2(2x)^{10-2}$
$(1)^2+{}_{10}C_3(2x)^{10-3}(1)^3+{}_{10}C_4(2x)^{10-4}(1)^4+{}_{10}C_5(2x)^{10-5}$
$(1)^5+{}_{10}C_6(2x)^{10-6}(1)^6+{}_{10}C_7(2x)^{10-7}(1)^7+{}_{10}C_8(2x)^{10-8}$
$(1)^8+{}_{10}C_9(2x)^{10-9}(1)^9+{}_{10}C_{10}(2x)^{10-10}(1)^{10}$이 됩니다.

더 간단하게 정리하면,

$(2x+1)^{10}={}_{10}C_0(2x)^{10}+{}_{10}C_1(2x)^9+{}_{10}C_2(2x)^8+{}_{10}C_3(2x)^7$

$+{}_{10}C_4(2x)^6+{}_{10}C_5(2x)^5+{}_{10}C_6(2x)^4+{}_{10}C_7(2x)^3+{}_{10}C_8(2x)^2+{}_{10}C_9(2x)+{}_{10}C_{10}$이 됩니다.

나머지 숫자를 계산하는 것은 여러분에게 맡기도록 하겠습니다.

"선생님, 이항정리와 이항계수는 실생활에서 일어나는 사건을 해결하는 데 어떤 식으로 도움이 될까요?"

좋은 질문입니다. 이항정리가 응용되는 문제 상황을 함께 해결해 보도록 합시다. 예를 들어 햄버거 가게에 갔는데 햄버거에 들어가는 토핑 재료가 다음과 같이 9가지가 있었다고 합시다.

{케첩, 머스타드, 마요네즈, 토마토, 상치, 양파, 오이피클, 양배추 절임, 치즈}

그렇다면 이 햄버거 가게에서 제공할 수 있는 햄버거의 서로 다른 종류는 몇 가지나 될까요? 각 햄버거에 들어가는 토핑은 위 집합의 부분집합입니다. 공집합은 토핑이 전혀 들어가지 않는 햄버거가 될 것입니다.

따라서 가능한 햄버거의 종류는

${}_9C_0+{}_9C_1+{}_9C_2+{}_9C_3+{}_9C_4+{}_9C_5+{}_9C_6+{}_9C_7+{}_9C_8+{}_9C_9$입니다.

"파스칼 선생님? 이것을 일일이 계산하는 것인가요? 그렇다면 조합의 수를 단지 계산하는 것과 차이가 없는 것 같아요."

제대로 이해하고 있군요. 다시 말해서 일일이 모든 조합의 수를 계산하는 것보다 이항정리를 이용함으로써 더 간단하게 계산 결과를 얻을 수 있습니다.

각각의 항은 이항계수이므로,

${}_9C_0 + {}_9C_1 + {}_9C_2 + {}_9C_3 + {}_9C_4 + {}_9C_5 + {}_9C_6 + {}_9C_7 + {}_9C_8 + {}_9C_9 = (1+1)^9$이 됩니다.

"아……. 이항식의 거듭제곱을 한 전개식$(a+b)^n = {}_nC_0a^n + {}_nC_1a^{n-1}b + {}_nC_2a^{n-2}b^2 + \cdots\cdots + {}_nC_ra^{n-r}b^r + \cdots\cdots + {}_nC_nb^n$에서 $a=1, b=1$을 대입한 것이군요?"

그렇습니다. 그런 통찰력이 있어야 이항정리와 이항계수를 이용하여 문제 해결을 할 수 있는 것입니다.

위 식을 계산하면 햄버거의 서로 다른 종류는 $2^9=512$가지로 얻을 수 있습니다. 이렇게 이항정리는 문제 해결에 응용되어 원하는 결과를 쉽게 얻을 수 있도록 해 주는 장점을 지니고 있습니다. 물론 더 다양하고 많은 분야에 적용할 수 있겠지요.

수업 정리

이항정리와 이항계수

이항정리는 이항식 $(a+b)$의 거듭제곱 $(a+b)^n$에 대하여 전개한 각 항 $a^{n-r}b^r(r=0, 1, 2, \cdots\cdots, n)$의 계수를 구하는 정리입니다. $a^{n-r}b^r(r=0, 1, 2, \cdots\cdots, n)$의 계수는 n개에서 r개를 고르는 조합의 가짓수인 ${}_n\mathrm{C}_r$이고 이를 이항계수라고 합니다. 계승을 이용하여 다시 쓰면 $\binom{n}{r}=\frac{n!}{(n-r)!r!}={}_n\mathrm{C}_r$입니다. 따라서 $(a+b)^n={}_n\mathrm{C}_0a^n+{}_n\mathrm{C}_1a^{n-1}b+{}_n\mathrm{C}_2a^{n-2}b^2+\cdots\cdots+{}_n\mathrm{C}_ra^{n-r}b^r+\cdots\cdots+{}_n\mathrm{C}_nb^n=\binom{n}{0}a^n+\binom{n}{1}a^{n-1}b+\binom{n}{2}a^{n-2}b^2+\cdots\cdots+\binom{n}{r}a^{n-r}b^r+\cdots\cdots+\binom{n}{n}b^n$

㉮ 이항정리를 이용하여 $(3x+2)^{12}$에서 x^8의 계수를 구해 봅시다.

$(a+b)^n={}_n\mathrm{C}_0a^n+{}_n\mathrm{C}_1a^{n-1}b+{}_n\mathrm{C}_2a^{n-2}b^2+\cdots\cdots+{}_n\mathrm{C}_ra^{n-r}b^r+\cdots\cdots+{}_n\mathrm{C}_nb^n$

입니다. 이 중에서 x^8이 들어가는 항이 어떤 형태일지 생각해 봅니다. a를 $3x$, b를 2라고 놓고 생각하면 x^8이 들어가는 항의 형태는 ${}_{12}\mathrm{C}_4(3x)^{12-4}(2)^4$가 될 것입니다.

계산을 하여 간단히 정리하면,

${}_{12}\mathrm{C}_4(3x)^{12-4}(2)^4=\frac{12!}{4!(12-4)!}3^8x^82^4=51963120x^8$입니다.

따라서 x^8의 계수는 51963120입니다.

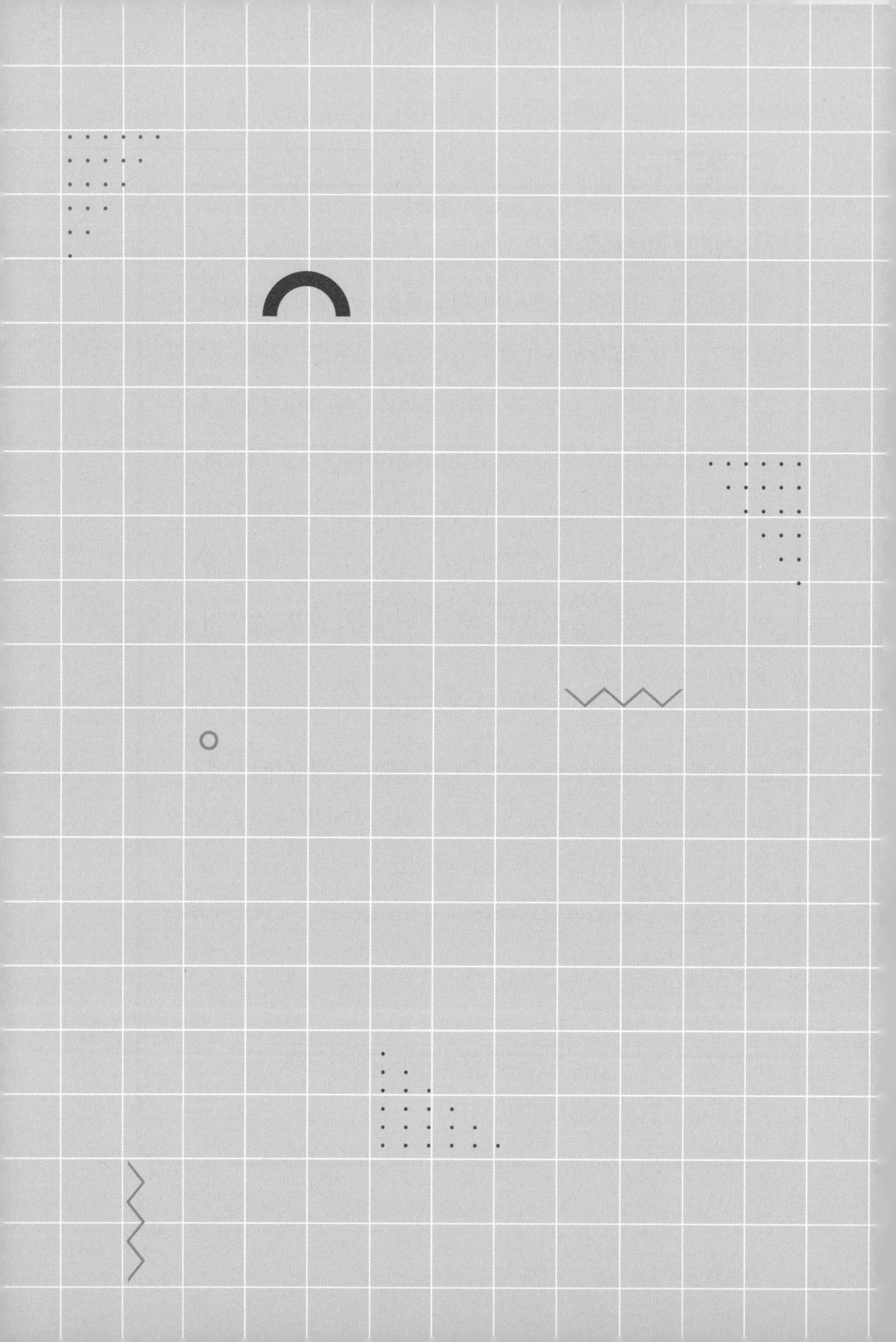

8교시

파스칼의 삼각형

파스칼의 삼각형을 만들어 봅니다.
여기에서 조합의 다른 성질을 알아봅니다.
또한 이것과 어떻게 이항계수가 관련있는지를 알아봅니다.

수업 목표

파스칼의 삼각형을 만들어 보고 이항계수가 파스칼의 삼각형과 어떻게 관련되는지를 알아봅니다. 그리고 파스칼의 삼각형으로부터 조합의 또 다른 성질을 찾아봅니다.

미리 알면 좋아요

이항정리와 이항계수 이항식 $(a+b)$의 거듭제곱 $(a+b)^n$에 대하여 전개한 각 항 $a^{n-r}b^r$ $(r=0, 1, 2, \cdots\cdots, n)$의 계수를 구하는 정리를 이항정리라고 합니다. $a^{n-r}b^r$ $(r=0, 1, 2, \cdots\cdots, n)$의 계수는 n개에서 r개를 고르는 조합의 가짓수인 ${}_n\mathrm{C}_r$이고 이를 이항계수라고 합니다. 따라서 이항식의 거듭제곱을 전개하여 표현하면 다음과 같습니다.

$$(a+b)^n={}_n\mathrm{C}_0\,a^n+{}_n\mathrm{C}_1\,a^{n-1}b+{}_n\mathrm{C}_2\,a^{n-2}b^2+\cdots\cdots+{}_n\mathrm{C}_r\,a^{n-r}b^r+\cdots\cdots+{}_n\mathrm{C}_n\,b^n$$

파스칼의 여섯 번째 수업

오늘은 파스칼 선생님이 도화지와 색연필을 가지고 와서 학생들에게 나누어 주었습니다. 수학 시간에 미술을 하는 것 같아 모두 신기해했습니다.

오늘은 제 이름을 붙인 삼각형, 즉 파스칼의 삼각형을 만들어 보려고 합니다. 함께 한 단계씩 따라해 보도록 합시다.

1단계. 먼저 도화지의 첫째 줄 가운데에 1이라고 써 보세요.

1

2단계. 둘째 줄에 첫째 줄의 1을 기준으로

사선 방향으로 왼쪽과 오른쪽 부분에 역시 1을 씁니다.

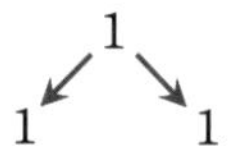

3단계. 바로 윗줄의 왼쪽 숫자와 오른쪽 숫자를 더하여 씁니다.

예를 들어 1과 1을 합하면 2가 되므로

세 번째 줄의 가운데 부분에는 2라고 씁니다.

양끝은 바로 윗줄에 1밖에 쓰여 있지 않으므로 1이라고 씁니다.

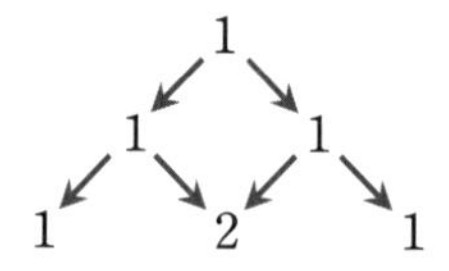

4단계. 계속 반복하여 나머지 줄에도 씁니다.

$$
\begin{array}{ccccccccccccccccc}
&&&&&&&&1&&&&&&&&\\
&&&&&&&1&&1&&&&&&&\\
&&&&&&1&&2&&1&&&&&&\\
&&&&&1&&3&&3&&1&&&&&\\
&&&&1&&4&&6&&4&&1&&&&\\
&&&1&&5&&10&&10&&5&&1&&&\\
&&1&&6&&15&&20&&15&&6&&1&&\\
&1&&7&&21&&35&&35&&21&&7&&1&\\
1&&8&&28&&56&&70&&56&&28&&8&&1\\
&&&&&&&&\vdots&&&&&&&&
\end{array}
$$

자, 그럼 이번에는 지난 시간에 배웠던 이항식의 거듭제곱한 결과를 한번 써 볼까요?

$$
\begin{array}{ll}
(a+b)^0= & 1 \\
(a+b)^1= & a+b \\
(a+b)^2= & a^2+2ab+b^2 \\
(a+b)^3= & a^3+3a^2b+3ab^2+b^3 \\
(a+b)^4= & a^4+4a^3b+6a^2b^2+4ab^3+b^4 \\
(a+b)^5= & a^5+5a^4b+10a^3b^2+10a^2b^3+5ab^4+b^5 \\
(a+b)^6= & a^6+6a^5b+15a^4b^2+20a^3b^3+15a^2b^4+6ab^5+b^6 \\
(a+b)^7= & a^7+7a^6b+21a^5b^2+35a^4b^3+35a^3b^4+21a^2b^5+7ab^6+b^7 \\
(a+b)^8= & a^8+8a^7b+28a^6b^2+56a^5b^3+70a^4b^4+56a^3b^5+28a^2b^6+8ab^7+b^8 \\
 & \vdots
\end{array}
$$

무엇을 발견할 수 있나요?

"파스칼의 삼각형에서 나온 숫자들이 이항식의 거듭제곱을 한 결과에서 보여요."

"맞아요! 이항식에서 나온 각 항의 계수들이 파스칼의 삼각형에서 나온 숫자들과 정말 똑같아요."

$$
\begin{array}{ccc}
1 & & (a+b)^0 = 1 \\
1\ \ 1 & & (a+b)^1 = a+b \\
1\ \ 2\ \ 1 & \Rightarrow & (a+b)^2 = a^2+2ab+b^2 \\
1\ \ 3\ \ 3\ \ 1 & & (a+b)^3 = a^3+3a^2b+3ab^2+b^3 \\
1\ \ 4\ \ 6\ \ 4\ \ 1 & & (a+b)^4 = a^4+4a^3b+6a^2b^2+4ab^3+b^4
\end{array}
$$

"선생님, 여덟제곱한 결과까지 같은지는 눈으로 확인할 수 있는데, 아홉제곱, 열제곱…… 계속 그렇게 했을 때도 같을까요?"

네, 여러분이 발견한 사실은 중요한 것입니다. 두 번째 이항식의 거듭제곱한 결과에서 얻어진 이항계수들이 파스칼의 삼각형에 배열된 숫자들과 똑같습니다. 그리고 이 결과는 몇 제곱을 하여도 변함없는 성질입니다.

우리가 직접 확인할 수 있는 몇 가지 사실로부터 이후에도 이 규칙성이 그대로 유지될 것인지 아닌지를 의심하는 것은 역사적으로 볼 때 과학 발전을 가져오게 한 추론의 방식입니다. 이러한 추론을 귀납추론이라고 합니다. 물론 귀납추론에 의해 발견한 사실이 진실로 받아들여지기 위해서는 '수학적 검증의 과정'을 거쳐야 하겠지요. 수학적 검증 또는 증명의 과정은 다음 기회로 미루고 여러분은 앞서 배운 '이항정리'와 '이항계수'에서 '파스칼의 삼각형과의 연관성'을 찾아봅시다.

이항계수를 조합의 기호로 다시 표현해 보면 다음과 같습니다.

$$
\begin{array}{ll}
n=0 & {}_{0}C_{0} \\
n=1 & {}_{1}C_{0} \quad {}_{1}C_{1} \\
n=2 & {}_{2}C_{0} \quad {}_{2}C_{1} \quad {}_{2}C_{2} \\
n=3 & {}_{3}C_{0} \quad {}_{3}C_{1} \quad {}_{3}C_{2} \quad {}_{3}C_{3} \\
n=4 & {}_{4}C_{0} \quad {}_{4}C_{1} \quad {}_{4}C_{2} \quad {}_{4}C_{3} \quad {}_{4}C_{4} \\
n=5 & {}_{5}C_{0} \quad {}_{5}C_{1} \quad {}_{5}C_{2} \quad {}_{5}C_{3} \quad {}_{5}C_{4} \quad {}_{5}C_{5} \\
n=6 & {}_{6}C_{0} \quad {}_{6}C_{1} \quad {}_{6}C_{2} \quad {}_{6}C_{3} \quad {}_{6}C_{4} \quad {}_{6}C_{5} \quad {}_{6}C_{6} \\
n=7 & {}_{7}C_{0} \quad {}_{7}C_{1} \quad {}_{7}C_{2} \quad {}_{7}C_{3} \quad {}_{7}C_{4} \quad {}_{7}C_{5} \quad {}_{7}C_{6} \quad {}_{7}C_{7} \\
n=8 & {}_{8}C_{0} \quad {}_{8}C_{1} \quad {}_{8}C_{2} \quad {}_{8}C_{3} \quad {}_{8}C_{4} \quad {}_{8}C_{5} \quad {}_{8}C_{6} \quad {}_{8}C_{7} \quad {}_{8}C_{8} \\
 & \vdots
\end{array}
$$

여기서 우리는 조합의 또 다른 성질을 찾아볼 수 있습니다. 무엇인지 함께 탐구해 볼까요?

"파스칼의 삼각형의 숫자들과 이항계수가 같은 것이잖아요."

"음, 맞아요. 그러니까 파스칼의 삼각형을 만들 때의 규칙이 여기에도 적용되는 것이 아닌가요?"

"파스칼 선생님, 저도 동의해요. 그렇다면 대각선 위에 있는 두 숫자의 합이 아래에 있는 수의 결과가 되는 것 아닐까요?"

여러분이 발견한 것을 한 단계씩 정리하면서 완성해 보도록 합시다. 자, 3명이 앉을 수 있는 긴 의자가 있다고 생각해 봅시다.

5명의 학생 중에서 3명을 선택하는 경우의 수는 어떻게 됩니까?

"${}_5C_3=10$가지입니다."

네. 그러면 이번에는 지은이가 긴 의자에 앉는 것이 확정된다고 가정해 보면 몇 명의 학생이 더 앉을 수 있나요?

"2명의 학생이 더 앉을 수 있습니다."

그러면 가능한 조합의 수는 얼마가 될까요?

"음……. 지은이를 빼면 4명의 학생이 남으니까 4명 중에서 2명을 선택하는 방법이 있는 게 아닌가요? 따라서 가능한 조합의 수는 ${}_4C_2=6$가지입니다."

그렇다면 이번에는 지은이가 이 의자에 앉는 사람에서 제외된다고 가정해 봅시다. 그러면 가능한 조합의 수는 어떻게 되나요?

"지은이는 절대로 의자에 앉을 수 없게 되니까 남아 있는 4명의 학생 중에서 3명의 학생을 선택해야만 해요. 이전과는 선택하는 학생 수만 달라져서 가능한 조합의 수는 ${}_4C_3=4$가지입니다."

정말 잘했어요. 선생님 기분이 좋은걸요? 그렇다면 지금까지의 사실로 무엇을 발견할 수 있나요?

"맨 처음에 의자에 앉을 사람을 선택하는 조합의 수가 10가지였습니다. 그런데 지은이를 꼭 의자에 앉게 한 후 나머지 사람을 뽑는 조합의 수 6가지와 지은이를 배제하고 의자에 앉을 사람을 뽑는 조합의 수 4가지를 합하니까 신기하게도 10가지가 나오는데요?"

"우연히 맞은 걸까? 선생님, 학생 수를 달리해도 같은 결과가 나올까요?"

좋은 지적입니다. 그럼 한 번 더 해 볼까요? 이번에는 긴 의자에 4명이 앉을 수 있다고 해 보고 지은이를 꼭 의자에 앉히는 경우와 지은이는 배제하고 의자에 앉는 학생들을 뽑는 조합의 수를 생각해 보세요.

"음……. 5명의 학생 중에서 4명을 선택하는 조합의 수는 ${}_5C_4=5$가지입니다. 만약 지은이가 의자에 꼭 앉는 사람으로 확정된다면 남은 4명 중에서 3명만 뽑으면 되는데요. 그 조합의 수는 ${}_4C_3=4$가지이고 만약 지은이가 배제된다면 남은 4명 중에서 4명을 뽑아야 하므로 조합의 수는 ${}_4C_4=1$가지가 됩니다."

"선생님, 그러고 보니 이때에도 앞서 살펴본 것처럼 $5=4+1$이 성립하는데요?"

네, 그렇습니다. 조합의 수를 나타내는 기호로 두 가지 모두 써 보면 ${}_5C_3={}_4C_2+{}_4C_3$이고 ${}_5C_4={}_4C_3+{}_4C_4$입니다. 이 사실은 우연히 성립하는 것이 아니라 일반적으로 성립하는 것으로 조합의 또 다른 성질을 말합니다.

$${}_nC_r={}_{n-1}C_{r-1}+{}_{n-1}C_r \ (r\leq n)$$

우리가 만들어 본 파스칼의 삼각형에서 이것을 쉽게 확인해 볼 수 있습니다. 1을 제외한 수는 그것의 대각선 위에 있는 2개의 수의 합입니다. $(n+1)$행의 r번째 수는 $_nC_r$이고, 그것의 대각선 위에 있는 2개의 수는 $_{n-1}C_r$과 $_{n-1}C_{r-1}$입니다. 따라서 우리가 발견한 규칙성이 정확하게 ${}_{n}C_{r}={}_{n-1}C_{r-1}+{}_{n-1}C_{r}$ $(r \leq n)$로 성립함을 알 수 있습니다.

이 조합의 성질은 조합의 대칭성을 의미하는 성질인 ${}_{n}C_{r}={}_{n}C_{n-r}$ $(r \leq n)$과 더불어 중요한 성질이 됩니다.

파스칼의 삼각형을 마지막으로 여러분과의 조합에 대한 이야기는 여기서 끝이 나지만, 이것은 어쩌면 출발점이라고 할 수 있습니다. 조합의 세계는 우리가 아직 탐구하지 못한 무수히 흥미로운 사실과 응용이 남아 있기 때문입니다.

수업 정리

❶ 파스칼의 삼각형

$(a+b)^n$의 전개식에서 $n=1, 2, 3, \cdots\cdots, n$일 때의 이항계수를 배열한 삼각형을 파스칼의 삼각형이라고 합니다.

❷ 조합의 성질

파스칼의 삼각형으로부터 조합의 성질 ${}_nC_r={}_{n-1}C_{r-1}+{}_{n-1}C_r$ $(r\le n)$을 알 수 있습니다.

예) ${}_6C_4={}_{6-1}C_{4-1}+{}_{6-1}C_4={}_5C_3+{}_5C_4$

NEW 수학자가 들려주는 수학 이야기 16
파스칼이 들려주는 조합 이야기

2판 1쇄 인쇄일 | 2025년 4월 11일
2판 1쇄 발행일 | 2025년 4월 25일

지은이 | 남주현
펴낸이 | 정은영
펴낸곳 | (주)자음과모음

출판등록 | 2001년 11월 28일 제2001-000259호
주소 | 10881 경기도 파주시 회동길 325-20
전화 | 편집부 (02)324-2347, 경영지원부 (02)325-6047
팩스 | 편집부 (02)324-2348, 경영지원부 (02)2648-1311
e-mail | jamoteen@jamobook.com

ISBN 978-89-544-5212-0 44410
978-89-544-5196-3 (세트)